城市社区居家适老化改造研究与实践应用

城市更新提升与规划建设丛书

薛峰◎著

中国建筑工业出版社

图书在版编目（CIP）数据

城市社区居家适老化改造研究与实践应用 / 薛峰著
.—北京：中国建筑工业出版社，2019.12
（城市更新提升与规划建设丛书）
ISBN 978-7-112-24025-8

Ⅰ.①城… Ⅱ.①薛… Ⅲ.①老年人住宅—居住区—设施—改造—研究—中国 Ⅳ.① TU241.93

中国版本图书馆CIP数据核字（2019）第164347号

责任编辑：万　李
责任校对：张　颖
校对整理：赵　菲

城市更新提升与规划建设丛书
城市社区居家适老化改造研究与实践应用
薛　峰　著
*
中国建筑工业出版社出版、发行（北京海淀三里河路 9 号）
各地新华书店、建筑书店经销
北京海视强森文化传媒有限公司制版
廊坊市金虹宇印务有限公司印刷
*
开本：787 毫米 × 1092 毫米　1/16　印张：$12\frac{1}{2}$　字数：221 千字
2024 年 12 月第一版　2024 年 12 月第一次印刷
定价：**49.00** 元
ISBN 978-7-112-24025-8
（34530）

电话：（010）58337283　QQ：2885381756
（地址：北京海淀三里河路 9 号中国建筑工业出版社 604 室　邮政编码：100037）

序

目前，我国社会的主要矛盾是人民日益增长的美好生活需要和不平衡不充分的发展之间的矛盾，在适老化环境建设方面，这一矛盾表现为老年人日益增长的生活居住需求与适老宜居环境建设状况之间不平衡不充分的矛盾。据估计，我国将在“十四五”末期进入中度老龄化社会，到2035年前后进入重度老龄化社会，再到2050年左右老龄人口达峰，这一进程与我国全面建设社会主义现代化国家新征程的“两个阶段”基本同步。而当前，我国城市社区居家适老化环境建设面临理论不系统、方法不完善、品质待提升等问题，同时，适老化改造具有个性与共性需求共存、要素多元、系统复杂、多尺度连贯等特性，无法通过简单的物理空间和设施改造解决适老化要求难题。

从全国范围看，我国约有95%以上的老年人选择社区居家养老，这意味着生活在社区的老年人晚年生活要“有事可做、走得出去、充满活力”。所以，应避免城市、社区与居家适老化环境的割裂，要将城市、社区和居家适老化环境的物理空间、社会空间、信息空间、环境美学和人性化服务等进行多维度整合、一体化实施，才能营造出安全、便利和舒适的高品质适老化环境。

《城市社区居家适老化改造研究与实践应用》一书以我国适老宜居环境改造的需求和问题为导向，对比分析了国内外适老化改造相关体制机制；明确了适老化改造应在兼顾所有居住者需求的基础上，秉承适老化改造设计理念，既满足各阶段老年人的生活需求，又满足所有居住者的多元化生活需求；阐述了社区周边城市开敞空间和适老化空间环境改造、15分钟生活圈社区高质量服务网络和保障体系等诸多创新技术及应用；介绍了典型实施案例和适老化建设重点任务清单；

并从城市、社区和居家的整体角度出发，提出政策机制、实施方法、环境建设、社区服务四个方面的 12 项措施建议。

该书凝聚了作者——中建集团中国建筑大师薛峰等专家学者多年的科研成果。该书的出版发行，对于建好房子、好社区、好城区具有良好的借鉴和参考价值，必将有助于推进我国适老宜居环境建设，营造出更多更好“有温度，有味道，有颜值”的适老宜居环境建设精品工程。

中国工程院院士

中国建筑集团有限公司首席专家

前 言

城市社区居家适老化改造是通过对城市、社区与居家环境的整体改造，满足生活在社区的老年人日益增长的物质与文化生活需求。当前，我国是人口老龄化发展速度最快的国家之一，截至2021年，我国60岁及以上老年人口达2.67亿人，65岁及以上人口数为1.90亿人，约有4500万失能和半失能老年人。预计到“十四五”期间我国老年人数量将突破3亿人，到2030年，我国65岁以上人口将达到4亿多人，2050年前后老龄化率达36%左右。

近些年，我国的城市社区居家适老化改造取得了长足的发展，特别是社区养老服务设施和适老无障碍公共设施的建设都有了很大的提升，但仍然存在系统化、一体化不足的问题。因此，对标发达国家的经验，本书提出了符合我国国情的全龄友好城市社区居家适老化环境营造理论建构、模式、实施方法和关键技术体系。主要针对如何构建城市社区适老化改造融合、协同和共建的政策机制，如何开展城市社区居家的适老化改造规划，如何建立城市社区公共空间和公共设施分类适老化改造标准，如何构建多目标多要素的适老化改造整合设计方法，如何在无法满足现行标准规定时采用可替代措施进行适老化改造，如何利用新一代信息技术，提供线上、线下联动的适老信息化服务、如何规划社区“有温度，有味道，有颜值”的社会空间的新场景等进行了系统的研究和阐述。

本书提出了城市社区居家的适老化改造规划应覆盖居民步行时间15分钟生活圈范围，社区适老化整体改造实施方案宜以居民步行时间5分钟，步行距离300~500m，居住人口5000~12000人的区域为基本规模。强调实施的系统性和改造的适宜性，提出了政策机制、实施方法、环境建设、社区服务与技术系统的四个“对应”。

本书共分为5章，第1章概述当前我国城市社区居家适老化改造需求和基本情况，提出了目前亟待解决的主要问题。第2章介绍了我国城市社区居家适老化改造现状、相关机制建设经验和存在的问题，并对发达国家相关技术标准体系、法规及机制经验进行了借鉴分析。第3章对我国城市社区居家适老化建设与改造机制与实施方法提出了建议。第4章对我国城市社区居家适老化改造技术要求与标准提出了建议。第5章分别针对社区公共环境适老化改造案例、社区服务设施适老化改造案例、住宅套内空间适老化改造案例等进行了详细的阐述。

本书以“十四五”国家重点研发计划“公共场所无障碍环境关键技术与装备（项目编号：2023YFC38055400）”，世界银行贷款研究项目“中国经济改革促进与能力加强项目（TCC6）”——“中国城市社区居家适老化改造标准研究”，住房城乡建设部课题《推动城市建设适老化转型的意见》，以及中建集团课题《基于城市更新的全龄友好无障碍环境建设关键技术研究》为基础，以期为城市社区居家适老化改造提供系统的理论建构、实施方法、技术标准、关键技术和实践案例的参考。书中多项研究成果获得了国家发明专利和软件著作权，编制完成的中国工程建设标准化协会标准《城市社区居家适老化改造技术标准》达到国际先进水平。

总结形成了《老旧小区居家养老设施适老化改造实施建议》并由建设智库简报印发，该篇建设智库简报纳入国务院《每日汇报》（第16464期）“居家养老适老设施亟待改善”中，获时任国务院副总理批示。

多项实施案例获得北京市优秀工程勘察设计奖、北京市优秀城乡规划奖、北京城市更新最佳实践、中国建筑学会建筑设计奖、住房和城乡建设部无障碍环境建设优秀典型案例。

本书主要从以下几个方面系统详细地阐述了城市社区居家适老化改造系统的理论研究成果、关键技术、技术标准和示范应用等：

1. 阐述了基于全龄全人群友好，涵盖城市、社区和居家适老化改造全系统、多目标、多要素整合设计方法学。

从城市角度出发，既满足不同身体状况老年人的生活需求，又满足所有人的人性化、精细化生活需求。对于生活在社区中的老年人而言，其晚年生活要“有事可做”，要“走得出去”，要“充满活力”，而不是仅仅待在小区里或家中。所以，适老化改造不能仅仅停留于居家，更应该拓展到社区和城市的公共空间，对步行 15 分钟生活圈进行安全、便利和舒适等方面的适老化系统性改造。

2. 详细分析发达国家的机制模式，总结了部分值得借鉴和参考的经验做法。

梳理了部分发达国家在适老化改造方面的经验和做法，围绕其政策机制和技术标准，总结分析了其经验所得，为我国制定住宅适老化改造相关政策机制提供参考和借鉴。

3. 系统阐述了城市公共空间、社区和居家适老化改造标准体系。

阐述了改造策划与通用性要求、社区公共环境、社区服务设施、住宅公共空间、住宅套内空间和信息化服务的系统性标准规定。特别论述了受条件所限无法按照现行标准进行改造时，所采用的设施替代、服务替代和信息化替代的具体措施。提出了将居家、社区的适老化改造与城市街区无障碍改造进行系统衔接的规定，并将物理空间改造和社会空间改造进行了要素整合。

4. 对我国城市社区居家适老化改造提出了具体的机制和实施方法建议。

分别从四个方面提出了实施建议：我国居家养老设施现状和存在的问题、城市社区居家适老化改造内容范围和出资责任、城市社区居家适老化改造标准、相关政策、实施机制和带动经济增长的作用。

5. 列举了不同空间场景“有温度，有味道，有颜值”的改造案例。

列举了针对城市公共空间、社区公共环境、社区服务设施、住宅公共空间和套内空间等不同类型空间场景，采用将城市社区的功能、环境、设施、文化、艺术、信息化技术等进行一体化、精细化和人文化整合设计方法，所形成的改造示范案例，避免了系统的割裂，形成了一体化的实施方案。

住房和城乡建设部科技与产业化发展中心、清华大学建筑学院、中国建筑设计研究院有限公司、中国建筑标准设计研究院有限公司、北京建筑大学等单位为本书编写给予了大力支持，在此深表感谢！

本书中诸多技术的研发和推广，汲取了大量业界专家、学者和技术人员的经验和成果，在此对在编写过程中给予我们帮助、提供宝贵资料的业界专家表示衷心感谢！欢迎广大读者给予批评指正。

目 录

第1章
我国
适老化环境
建设与改造
需求和亟待
解决的问题

1.1 改造背景、范围与必要性

1.1.1 改造背景

1. 城市社区居家适老化环境建设与改造的工作方向

人口老龄化是我国进入新发展阶段后必须长期面对的基本国情，是迈向第二个百年奋斗目标的基础社会条件，也是社会经济发展的主要影响因素。对此，习近平总书记提出一系列关于积极应对老龄化的重要指示要求。

2016 年 5 月 27 日习近平总书记在主持中共中央政治局就我国人口老龄化的形势和对策举行第三十二次集体学习时强调“要积极看待老龄社会，积极看待老年人和老年生活”“坚持党委领导、政府主导、社会参与、全民行动相结合，坚持应对人口老龄化和促进经济社会发展相结合，坚持满足老年人需求和解决人口老龄化问题相结合”“推动老龄工作向主动应变转变，向统筹协调转变，向加强人们全生命周期养老准备转变，向同时注重老年人物质文化需求、全面提升老年人生活质量转变”。

2021 年 10 月 13 日习近平总书记对老龄工作作出重要指示，强调“将积极老龄观、健康老龄化理念融入经济社会发展全过程”。《中共中央 国务院关于加强新时代老龄工作的意见》将这一要求写入“指导思想”，强调加强党对老龄工作的全面领导，坚持以人民为中心，将老龄事业发展纳入统筹推进“五位一体”总体布局和协调推进“四个全面”战略布局，实施积极应对人口老龄化国家战略，把积极老龄观、健康老龄化理念融入经济社会发展全过程。

2022 年 10 月 16 日习近平总书记在中国共产党第二十次全国代表大会上的报告中指出，实施积极应对人口老龄化国家战略，发展养老事业和养老产业，优化孤寡老人服务，推动实现全体老年人享有基本养老服务。

习近平总书记关于积极应对老龄化“一个全过程”“两个积极看待”“三个坚持”“四个转变”等重要论述和指示精神，为我国城市建设适老化转型提供了基本遵循和方向指引。

2. 党中央国务院高度重视社区居家养老工作

1989 年政府工作报告中，老龄化一词首次出现，报告提出：“人口老龄化越来越成为我国社会的重要问题，各地区、各部门都应关心老年工作”。2020 年 10 月，中国共产党第十九届中央委员会第五次全体会议公报提出“实施积极应对人口老龄化国家战略”，积极应对人口老龄化正式上升为国家战略。中国在应对老龄化上，正从“未备先老”转向“边备边老”，已从早期的准备阶段步入行动阶段。

人口老龄化是我国进入新发展阶段后必须长期面对的基本国情，是迈向第二个百年奋斗目标的基础社会条件，也是社会经济发展的主要影响因素。城市建设适老化转型是贯彻落实习近平总书记关于积极应对人口老龄化重要指示精神的基本要求。习近平总书记在庆祝中国共产党成立 100 周年大会上的重要讲话中强调，“着力解决发展不平衡不充分问题和人民群众急难愁盼问题，推动人的全面发展、全体人民共同富裕取得更为明显的实质性进展”。加快城乡环境适老化水平的提升不仅是及时回应人民群众关切的迫切需求，也是贯彻落实习近平总书记重要指示的有效举措。

2019 年 3 月，国务院办公厅印发《国务院办公厅关于推进养老服务发展的意见》（国办发〔2019〕5 号）。其中第二十六项内容明确提出实施老年人居家适老化改造工程，有效满足老年人多样化、多层次养老服务需求。

2019 年 6 月，国务院常务会议部署推进城镇老旧小区改造，顺应群众期盼改善居住条件。会议要求，引导发展社区养老、托幼、医疗、助餐、保洁等服务。城市社区居家养老的适老化改造已成为改善民生的重要任务之一。

2019 年 11 月，中共中央、国务院印发的《国家积极应对人口老龄化中长期规划》指出，人口老龄化是社会发展的重要趋势，是人类文明进步的体现，也是今后较长一段时期我国的基本国情。人口老龄化对经济运行全领域、社会建设各环节、社会文化多方面乃至国家综合实力和国际竞争力，都具有深远影响，挑战与机遇并存。

2020 年 7 月，民政部、国家发展改革委、财政部、住房和城乡建设部、国家卫生健康委、银保监会、国务院扶贫办、中国残联、全国老龄办联合印发《关于加快实施老年人居家适老化改造工程的指导意见》，明确了创新工作机制，加强产业扶持，激发市场活力，加快培育公平竞争、服务便捷、充满活力的居家适老化改造市场，引导有需要的老年人家庭开展居家适老化改造，有效满足城乡老年人家庭的居家养老需求。

2021 年 3 月《中华人民共和国国民经济和社会发展第十四个五年规划和 2035 年远景目标纲要》，提出支持家庭承担养老功能，构建居家社区机构相协调、医养康养相结合的养老服务体系。完善社区居家养老服务网络，推进公共设施适老化改造，推动专业机构服务向社区延伸，整合利用存量资源发展社区嵌入式养老。健全养老服务综合监管制度。“专栏 18：‘一老一小’服务项目”中提出支持 200 万户特殊困难高龄、失能、残疾老年人家庭实施适老化改造，配备辅助器具和防走失装置等设施；支持 500 个区县建设连锁化运营、标准化管理的示范性社区居家养老服务网络，提供失能护理、日间照料以及助餐助浴助洁助医助行等服务；支持 300 个左右培训疗养机构转型为普惠养老机构、1000 个左右公办养老机构增加护理型床位，支持城市依托基层医疗卫生资源建设医养结合设施等。

2021 年 11 月，中国残联、住房和城乡建设部、中央网信办、教育部、工业和信息化部、公安部、民政部等 13 部门联合印发《无障碍环境建设“十四五”实施方案》，其中提出，严格落实新（改、扩）建道路、公共建筑、绿地广场配套建设无障碍设施，加快既有设施无障碍改造，提升社区无障碍建设水平。

2021 年 12 月，为贯彻落实积极应对人口老龄化国家战略，国务院印发《“十四五”国家老龄事业发展和养老服务体系规划》，提出推进公共环境无障碍和适老化改造。一是提升社区和家庭适老化水平。有序推进城镇老旧小区改造，完成小区路面平整、出入口和通道无障碍改造、地面防滑处理等，在楼梯沿墙加装扶手，在楼层间安装挂壁式休息椅等，做好应急避险等安全防护。有条件的小区可建设凉亭、休闲座椅等。完善社区卫生服务中心、社区综合服务设施等的适老化改造。推动将适老化标准融入农村人居环境建设。鼓励有条件的地方对经济困难的失能、残疾、高龄等老年人家庭实施无障碍和适老化改造。二是推动公共场所适老化改造。大力推进无障碍环境建设。加大城市道路、交通设施、公共交通工具等适老化改造力度，在机场、火车站、三级以上汽车客运站等公共场所为老年人设置专席以及绿色通道，加强对坡道、电梯、扶手等的改造，全面发展适老型智能交通体系，提供便捷舒适的老年人出行环境。推动街道乡镇、城乡社区公共服务环境适老化改造。

3. 加快推进城市社区居家适老化改造必要且紧迫

1999 年，我国 60 岁及以上老年人口比例超过 10%，开始进入老龄化社会。截至 2021 年，我国 60 岁及以上老年人口达 2.67 亿人，占总人口的 18.9%，处于轻度老龄化阶段。“十四五”时期占比将超过 20%，进入中度老龄化社会。

我国人口老龄化具有规模大、发展快、不平衡等鲜明特征。规模大：我国是世界上唯一老年人口超过 2 亿人的国家。2050 年左右，60 岁及以上老年人口预计达到峰值 4.87 亿人，占届时全国总人口的 34.8%、亚洲老年人口的 2/5、全球老年人口的 1/4。发展快：由于 1962 年至 1976 年是新中国成立后第二次人口出生高峰，将导致 2022 年至 2036 年老年人口快速增加。预计 2025 年 60 岁及以上老年人口将突破 3 亿人，2033 年突破 4 亿人，2035 年前后进入重度老龄化阶段。不平衡：首先是城乡差异大，农村 60 岁及以上、65 岁及以上老年人口占农村总人口的比重分别为 23.81%、17.72%，比城镇的比重分别高出 7.99 个百分点、6.61 个百分点。其次是区域差异大，第七次全国人口普查数据显示，有 10 个省区市老年人口占比超过 20%，辽宁最高，达到 25.72%；有 7 个省区市老年人口占比不到 15%，西藏最低，为 8.52%。

从“十四五”时期进入中度老龄化，到 2035 年前后进入重度老龄化，再到 2050 年左右人口老龄化达峰，这一进程与全面建设社会主义现代化国家新征程的“两个阶段”基本同步，对从全局上、战略上发展老龄事业提出更高要求。

老龄化带来适老住房、设施和服务需求的快速增长。同时，我国老年人在独立生活、便捷出行、平等参与社会生活、获取信息和服务方面还面临很多困难。随着我国人口老龄化持续加深，老年人是规模庞大且规模不断增长的困难群体，而城市环境适老化程度不足是他们面临的最突出问题，平等参与社会生活、共享社会发展成果是他们最现实的利益。

从全国范围看，约有 95% 以上的中国老年人选择社区居家养老模式，这给适老化改造工作带来严峻挑战，政府的管理手段、城市、社区和居家适老化改造技术、居民意识等都需要不断提升。调查数据显示，我国目前共有老旧小区 17 万个（特指建成 20 年以上的住宅小区），总建筑面积约为 40 亿 m^2，约有 34.5% 的城市老年人住在这类老旧小区里；有 13.5% 的老年人近一年中发生过跌倒，约七成老人跌倒事故发生在公共环境当中，约三成老人跌倒于住房内，而独居老人发生跌倒等险情后，无法呼叫求救；有近六成（56.5%）的城市老年人认为住房存在不适老的问题。

因此，城市社区适老化改造是加快提升我国城乡环境适老化水平工作中亟待解决的问题。

当前，适老化环境与设施已成为老年人最为迫切的需求之一。据调查，有住房适老化改造需要的占比超过 90%，如需要增加电梯、地面防滑、应急呼叫等设施；大多数调查对象认为需要对医疗、健康、康复等公共卫生服务设施，以及道路、公交站台等交通设施的适老化改造。

然而，针对量大面广的城市社区居家适老化改造工作，目前仍处于刚刚起步的阶段，进展还比较缓慢。城市社区居家适老化改造是一个系统性问题，既有技术性问题，也有政策问题，很多国家都有较为成熟和行之有效的政策机制、成套技术和产业化配套产品，以及相关标准。开展城市、社区和居家适老化改造工作，应科学系统地向其他国家学习借鉴其在政策支持、技术措施、专业能力等方面的先进经验。

1.1.2 改造范围

城市社区居家适老化改造应遵循安全性、便利性、舒适性和适宜性原则，采用物理空间改造、增补设施、辅具适配和信息化服务等方式，对社区公共环境、服务设施、住宅以及社区周边城市开敞空间进行整体系统的适老化改造。

根据调研的结果显示，对于生活在社区中的老年人而言，其晚年生活要“有事可做”，要“走得出去”，要“充满活力”，而不是仅仅待在小区里或家中。所以，应避免城市、社区和居家适老化环境的割裂，适老化改造不能仅仅停留于居家，更应该拓展到社区和社区周边城市开敞空间，对步行 15 分钟生活圈进行安全、便利和舒适等方面的适老化系统性改造。

同时，适老化改造是指在不排斥普通居住者的前提下，以“全龄友好”为改造设计理念，既满足各阶段老年人的生活需求，又满足所有人的人性化、精细化生活需求。因此，住房以及周围的社区和城市环境要能够满足老年人对物质环境和精神层面的需求，不仅包括社区适老化空间环境的改造，也需要有高质量的社区服务网络和保障体系。其改造涵盖了社区内老年人交通出行、健身娱乐、邻里交往、配套服务、起居生活、信息化服务等方面。

（1）社区周边城市公共空间的无障碍通行路线往往不成系统，此类问题在市政道路设施衔接部位尤其突出，阻碍了老年人的安全出行和参与社会交往。所以，城市道路、公共绿地、城市广场、公交站点等城市环境和设施，以及与社区公共环境、社区服务设施和建筑出入口之间的通行环境应改造为系统连贯的无障碍通行路线。

（2）社区公共环境适老化改造应包括：道路交通、活动场地、景观绿化和场地设施等。涵盖了社区道路、室外机动车和非机动车停车场所、室外活动场地、健身活动场地、景观绿化、休息座椅、信息屏、社区文化和党建宣传展示栏、景观装置和小品等。

（3）社区服务设施适老化改造应包括：养老和卫生服务设施、便民和综合服务设施等。涵盖了社区中为老年人提供社区养老、社区医疗、商业服务和文化娱乐等基本生活需求的服务设施。

（4）住宅公共空间适老化改造应包括：出入口门厅、楼梯、走廊和电梯。住宅套内空间的适老化改造。涵盖了卫生间、厨房、阳台、卧室、出入口、过道的适老化改造、室内环境改造和信息化改造等方面内容。通过消除地面障碍、进行防滑处理、安装扶手抓杆等保障老年人活动安全。通过室内环境改造，提升采光、照明、通风、隔声等方面老年人居住环境质量。通过运用智能、物联网等技术进行信息化改造，方便老年人生活。

（5）信息化服务的适老化改造应包括：社区服务网站适老化改造、智能手机软件（App）适老化改造和老年家庭床位信息化改造的社区信息化服务和居家信息化服务等方面内容。信息化服务的适老化改造是指利用新一代信息技术，对社区居家信息环境进行适合于老年人生活需求的改造，并提供线上、线下联动的适老化服务。可利用 5G、互联网、物联网、大数据、云计算等新一代信息技术的集成应用，结合社区智慧机房建设、家庭养老床位设置、智能设施和器具的配置，为居民社区居家养老提供线上、线下联动的网络就医、网购配送、事务办理、健康档案、人工智能诊断、娱乐健身等的信息化服务设施。

1.1.3　改造必要性

我国超过 60% 老人居住在超过 30 年房龄的住宅中，现有生活居住环境和基础设施难以满足老龄社会的要求，居家环境、公共服务设施、交通出行、社会交往各方面普遍存在不适合老年人生活和使用的问题，围绕老年人口进行的城市、社区和居家适老化改造迫在眉睫。

1. 有利于保障和改善民生，建设健康中国

我国居民健康状况持续改善，居民人均预期寿命由2020年的77.93岁提高到2021年的78.2岁，孕产妇死亡率和婴儿死亡率均有下降。老年人退休后，随着生活范围从社会转为家庭，其生活重心亦从工作转为休闲、养老，接触的人从以同事为主转为以家人、社区居民为主。这些变化会使老年人的生活需要与其他年龄段的人有所不同，其行为习惯和心理状态也会有所改变。

进入老年阶段，人体的生理机能会产生一定变化，如：体表外形改变、器官功能下降、机体调节作用降低等，人的身体各部位机能均开始出现不同程度的退行性变化。老年人的生理衰老对其生活需求和行为特点会产生重要影响，其中感觉机能、神经系统、运动系统和免疫机能等方面的退化与老年宜居环境和居家适老化改造息息相关，可提高老年人生活质量和幸福感。

数据显示，老人对住房的满意程度与住房中不适老问题的数量显著相关。当住房没有不适老问题时，满意度高达70.6%；存在1~2个问题时，住房满意度下降至40%左右；当存在问题数量达到5个及以上时，满意度仅为6.1%。由此可见，提升社区适老化改造水平对于保障和改善民生具有重要作用。推进社区居家适老化改造是践行健康中国、全面建成小康社会、基本实现社会主义现代化的必要措施，也是响应全民健康、建设健康中国的坚实基础。

2. 有利于提升城市社区适老化环境质量与品质

中国疾病监测系统的数据显示，跌倒已成为我国65岁以上老年人因伤致死的首位原因。根据测算，我国每年有4000多万老年人（近15.0%）至少发生1次跌倒。从跌倒的地点来看，公共环境的安全风险很高，老年人在道路上跌倒的比例最高（27.5%），其他发生跌倒的场所还包括楼梯（8.0%）、活动场所（5.0%）、交通工具（2.0%）、购物场所（1.9%）、公园（1.3%）等，合计达到45.7%，也就是说近五成的跌倒发生在公共环境中。

约一半的跌倒发生在家中。因身体因素跌倒仅占15%，环境因素却占到了85%。提升社区适老化环境首先应避免发生跌倒事故，老年人跌倒事故的发生在很

大程度上是由于社区环境不适老而引起的。其中住房各空间老人跌倒事故发生频率由多到少排序依次为卧室（37.35%）、卫生间（21.42%）、门槛（15.57%）、客厅（14.94%）、厨房（8.64%）和阳台（2.08%）。

社区公共环境和住房中发生的跌倒事故会对老人身体造成不同程度的伤害。调查数据显示，在跌倒的老人当中，约有 23.45% 受伤较重，需要接受医治甚至长期卧床。可见跌倒事故对老人身体的伤害较大，应注意采取预防措施。

3. 事业推动产业，促进经济增长

一是扩大内需，带动居民消费。城市社区居家适老化改造将有效拉动投资，目前全国老旧居住小区总建筑面积 40 亿 m^2 左右，据调查有住房适老化改造需要的占比超过 90%。据测算，仅“十四五”期间，我国就需要改造约 20 万个公交站台，新建约 3000 万 m^2 养老服务设施，提供 900 万张养老床位，既有住房加装电梯约 50 万部，居家适老化改造 5000 万户以上。

“十三五”期间，民政部会同财政部开展全国居家和社区养老服务改革试点，投入中央财政资金 50 亿元，共支持、指导 203 个地市开展改革试点。

“十四五”期间，民政部将牵头对 200 万户特殊困难高龄、失能、残疾老年人家庭实施适老化改造。按每户投入 1000~3000 元 / 户计算，仅政府投入就达 400 亿元之多。如按不同老年人的市场化需求进行改造，约有近 2 亿户老年人家庭进行改造（2.67 亿老年人口，户均 1.5 人计算），按户均 6000 元 / 户的微改造成本，据此测算，所需改造资金总规模约为 1.5 万亿元，拉动相关产业为 2 万亿 ~3 万亿元的产出。这还仅仅是居家适老化改造的直接市场份额，如果再加上城市和社区公共空间环境的综合整治提升的费用，市场份额会数倍增长。

同时，城市社区居家适老化改造可以发挥倍增效应，从多方面增加对实体经济的有效需求和投资。适老化改造可以带动多个行业的需求和投资，比如可以增加各类辅具器具行业需求，推动智能辅具行业的投资需求，扩大电梯行业生产、安装、维修等投资。这些都会带来相关行业的增长，以电梯行业为例，加装或改造电梯是社区居家适老化改造的重点之一，相关数据显示，全国既有多层住宅需加建电梯的数量约为 250 万台，加建一部电梯总造价约为 60 万元，估算加装电梯资金总需求和带来电梯行业的产值约为 1500 亿元。同时，我国目前还存在大量社区周边城市公共空间的适老化改造，如立体过街设施的加建电梯等改造，以及社区公共服务设

施加建电梯等，都会带来巨大的行业需求和投资。

据相关报道，我国适老化无障碍辅具的年产值只有约220亿元人民币，而日本约为2000亿元，欧美发达国家高达2300亿元。这些辅具产业都需要通过适老化改造进行带动。

此外，适老化改造还可刺激居民为提高生活质量而进行居家环境改善的消费需求，疏通久被阻塞的居家环境健康性能提升的国内消费，带动工业化装修行业及相关上下游产业的增长，促进家电、家具和家庭用品等行业的增长，一定程度上会形成促进经济转型的重要推动力。

经测算，“十四五”期间，通过开展城市基础设施、社区、住房适老化建设与改造工程，在带动投资方面，每年平均可拉动直接投资约3万亿元，带动间接投资4.5万亿元；在促进消费方面，通过开发和升级适老化设施和技术产品，提升服务能力和品质，不断满足老年人对产品和服务的多元化需求，预计每年平均能带来超过4万亿元的消费市场。同时，通过适老化城市建设改造，可以让城市更好地为老年人衣、食、住、行、康、养、乐、工作提供优质服务，培育智慧养老等新业态，进一步促进居住、康养、娱乐、文化、教育等相关产业发展，预计每年平均能有效带动规模达20万亿元的老龄相关产业。

二是促进就业。就业与经济增长密切相关，当前，我国经济正经历着由高速增长向高质量发展转换的过程，如何实现稳定就业成为亟须解决的问题。社区适老化改造不仅可以改善居民居住条件，还可以带动就业。比如除了适老化硬件设施的改造，还可把社区物业服务拓展到了为老年人配送餐、家政、保修、电信等居家养老服务，可重点面向 “40、50”人员进行招聘，带动新就业人员重新走上就业岗位。

1.2 亟待解决的问题

1.2.1 群众关心的问题

近年来，虽然整体上我国住房的适老化性能大幅度提升，但老旧社区中的不适老的问题较为严重，该类社区中老年人的人口比例超过30%，甚至有的社区高达50%以上。社区环境和住房已越来越难以满足老年人的需求，影响着老年人的生活质量。

图 1.2–1 为依据中国老龄科学研究中心 2015 年第四次中国城乡老年人生活状况抽样调查统计的，老年人针对城市社区环境设施、居住环境和使用辅具等的满意度数据分析。

1. 城市适老化安全出行问题

调查数据显示，我国的很多城市主干道过街路口过宽，缺少行人二次过街安全岛；过街天桥和地下通道缺少垂直电梯或坡道，造成老年人过马路出行的不便。同时，我国很多既有的轨道交通站点未安装垂直电梯，出入口不符合无障碍要求，公交站点和城市步行道路缺乏无障碍接驳，站点缺乏适老化设施，造成老年人公交出行的不便。

由此可见，当前的城市出行环境的无障碍水平较低，已经不能适应老龄社会的需要，城市、社区公共空间的无障碍通道和出行交通设施等亟待进行适老化改造。

2. 口袋公园和城市公园存在的问题

当前我国老年人经常光顾的社区口袋公园很多不符合无障碍性能要求，无障碍流线无法形成环路。特别是在健身步道、运动场地、文化休闲等场所缺少如座椅、挂衣架、危险提示等适老化和人性化设施。城市公园、旅游景区、重点文物保护单位（公园）等，更是缺少相应的无障碍设施和相应服务。

3. 改造和加建电梯存在的问题

我国绝大多数老旧社区住房均未配置电梯，给老人上下楼和急症救护造成了较大的困难。造成这一问题的根本原因在于，受经济发展水平的限制，我国长期执行的相关国家标准仅规定了七层及七层以上住宅必须设置电梯，即六层及以下住宅可不设电梯。

近年来，我国加大了老旧社区加建电梯的政策支持力度，并制定了相关的标准，形成了较为完善的关键技术体系。但大多数加建的电梯仍存在半层的高差，还未形成具有针对性的解决方案。同时，受条件所限加建的电梯的性能标准仍然存在不适老等问题，如急救担架进不去，尺度规格不适老等问题。

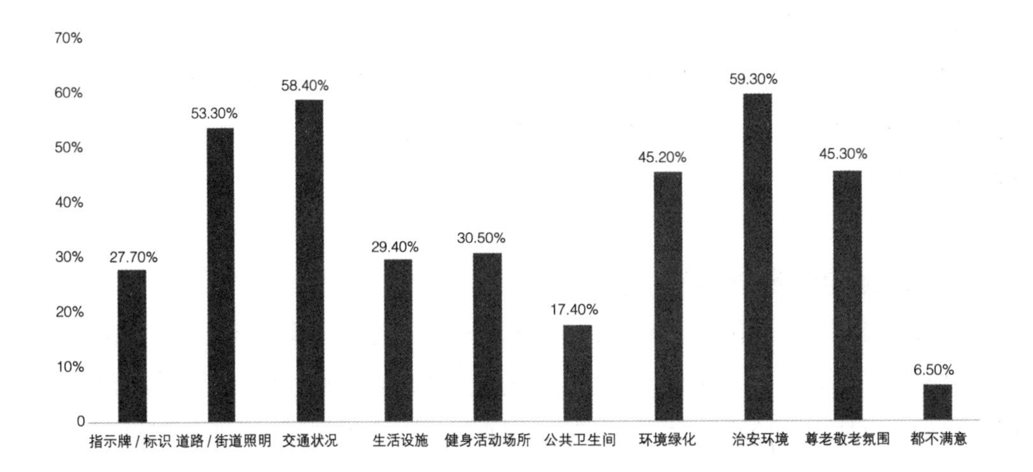

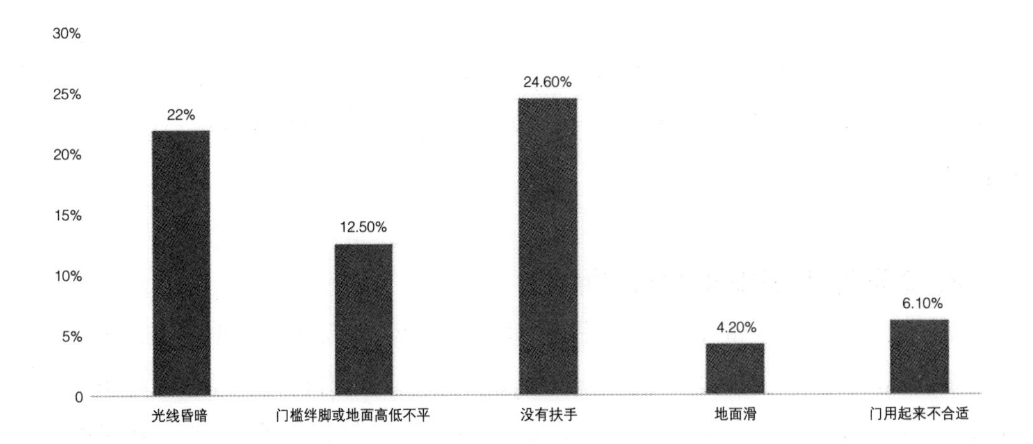

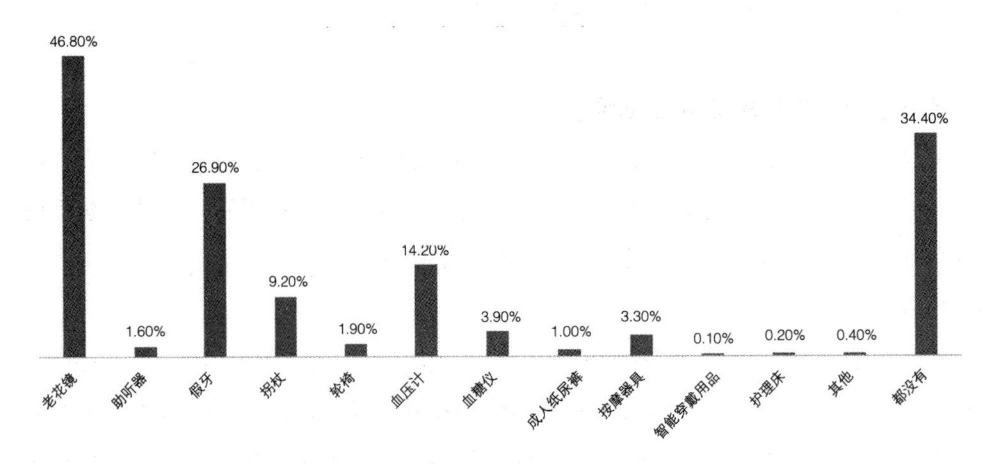

图 1.2-1　老年人针对城市社区环境设施、居住环境和使用辅具等的满意度数据分析
（数据来源：中国老龄科学研究中心 2015 年第四次中国城乡老年人生活状况抽样调查）

调查数据显示，大量的既有高层住宅电梯存在无法容纳担架电梯的现象，无法解决老年人出现急症时的紧急救护问题。

4. 出入口处无障碍设施存在的问题

相关调查数据显示，在楼房入口处加装坡道或轮椅通道的呼声最高，20.4% 的老人选择了此项；认为应在单元入口处安装扶手的老年人占 15.7%。而目前我国老旧社区单元入口处坡道的配置比例约为 51.8%。但由于受条件所限，很多单元出入口台阶处的改造无法符合现行标准有关轮椅坡道的要求，特别是室外地坪与一层之间的台阶高差，以及很多高层住宅设有半地下室时，存在台阶高差。而加设升降平台的使用效率和运行维护问题没有得到很好的解决。

5. 社区无障碍厕所和厕位存在的问题

最近几年城市普遍新修了很多公共厕所，但是无障碍厕所的修建却不乐观。很多公厕没有设置无障碍坡道，乘坐轮椅的人无法进入；要不就是设计了坡道但是没有设计无障碍厕卫，或者无障碍厕所的门小于 800mm，造成轮椅进不去的情况；还有的公共厕所考虑了无障碍厕位，但是尺度不对，不符合规范的要求，完全起不到任何作用；更有一些场所考虑了无障碍厕位，但是由于利用率比较低，所以直接把门上锁或者作为仓库等，没有发挥应有的作用。

6. 社区“七小门店”存在的问题

相关专项调查数据显示，与老年人社区生活紧密相关的“七小门店”（指的是小餐馆、小网吧、小旅馆、小浴室、小歌舞厅、小理发店、小便民店）公共服务设施约有 50% 以上不符合适老化和无障碍性能要求，如入口台阶不符合适老化要求，二层功能用房未安装垂直电梯等。同时，银行储蓄所、小超市等更是老年人出入最多的场所，但现在这些场所的适老设施并不尽如人意。

7. 家庭户内适老化设施存在的问题

相关专项调查数据显示，老年人住房内部设施的适老化水平普遍不高。城市老年人反映最突出的问题是：没有呼叫 / 报警设施、没有扶手，以及光线昏暗，厕所或浴室不好用、有噪声、门槛绊脚或者地面高低不平、家里的门用起来不合适及地面滑。可见，城市老年人住房存在的问题较多，亟待进行住房适老化改造。

8. 老年人使用信息化产品存在的问题

相关专项调查数据显示，广播电视以及和身边人交流是老年人最主要的信息获取途径，二者占比超过 60%，其次是报纸、杂志、书籍等纸质资料，占 19.70%。此外，网络渠道也占有一定比例，约占 12.12%。其余网络社交平台、社区信息推送和一些新媒体工具则总计 6% 左右。社区信息推送只占其中的 1.52%，从侧面反映出社区针对老年人开展的信息服务甚少。

老年人记忆力减退、认知能力下降，以及大多数不懂英文等原因，给老年人使用信息化产品造成了一定的障碍，复杂操作的设备老年人记不住操作按钮很难使用，同时视觉衰退又造成了看不清操作字体等障碍。加之网络诈骗现象时有发生，老年人对使用网络平台购买相关服务心存担心。

9. 老年人就业和社会活动存在的问题

随着，60 后低龄老年人退休比例的急剧加大，可为老年人提供社区健康活动的配套设施和社会活动的场所明显不足。相关专项调查数据显示，老年人有就业意愿的比例和愿意参与社会活动的比例也在不断提高。特别是在低龄和教育程度较高的老年人当中，有再就业意愿的比例和愿意参与社会活动的比例分别达到了 24.1% 和 19.6%。

1.2.2 企业关心的问题

1. 缺少相应的机制支撑

目前国内社区居家适老化改造的政府采购机制还不完善，对资质要求也不明确，很多相关适老改造专业化公司无法承接改造任务。因此，在国内设立专业咨询机构对实施改造单位进行认证，通过认证后开展相关适老改造业务非常重要。

（1）缺少产品性能认证。当前，缺少健全的城市、社区和居家适老化改造认证评价体系，以及设施改造专项商业保险机制。缺少可从源头上控制适老化改造项目质量，强化认证产品的质量风险保障能力的认证评价手段。

（2）缺少专业咨询机构、执业能力认定和收费标准。一是缺乏居家养老适老化改造专业化非营利机构的建设机制。二是缺乏适老化改造服务机构能力认证，以及对从业人员开展执业资格的认证。缺少针对家庭户内适老化改造设计和安装业务的培训。三是相关部门和机构没有制定出专业咨询机构的收费标准和收费机制。

（3）缺少验收和维保机制。目前，社区周边城市开敞空间、社区公共环境、社区服务设施和住宅公共空间等适老化改造作为工程类改造，可依据现行工程验收管理办法和标准进行工程验收。但适老化改造往往非常琐碎，很多情况不可能按现行的工程管理方式进行验收。对于这类琐碎散点的改造，当前国内缺少验收和维保机制来监督企业保证适老化改造的质量。

当前，多数社区的住宅套内设施和信息化等适老化改造主要由装修公司实施，但缺乏相应的专业验收机制。应建立相应的机制，由具有设计服务相关资质的单位或专业第三方机构，负责审查改造方案和用材性能的合理性，并在改造后认定改造成果与改造方案的一致性等。

2. 业务定性及税收政策不明确

目前，尚未对适老化改造服务业务是属于工程类还是属于服务类进行规定，适老化改造相关业务定性及税收政策不明确。适老化改造如作为社区综合整治的一部分，按工程项目进行管理，其税收为9%，业务所需的工程资质依据项目规模和内容来确定（建筑资质还是市政资质）；住宅套内设施和信息化等适老化改造如按服务业务进行管理，其税收为6%。建议实施家庭户内适老化改造的业务应定性为服务业务，户外环境适老化改造应定性为工程业务，由具有建筑资质和市政资质的工程建设企业承接。

从事家庭户内适老化改造的服务企业（机构）所开展的业务为养老服务业务范畴（该类企业需经过专业机构认证后开展业务），可执行该类业务的相关税收政策。实施家庭户内适老化改造的非营利性服务机构（企业），可享受国家扶持小微企业等财税优惠政策，给予增值税、企业所得税优惠。室外改造是工程业务范畴（如加建电梯、单元入口处无障碍坡道、加建升降平台等），按其业务性质收取税费。

3. 进口适老器具辅具关税过高

当前很多发达国家的适老化部品部件国内尚无生产，需要依靠进口带动我国的辅具产业升级和技术创新。在适老化改造产品中关税最高的是铝合金马桶助力架和浴缸扶手等，关税税率为18%。适老化改造产品中的橡胶制品、塑料制品、钢及不锈钢制品和铝合金制品的关税也普遍较高。对适老化改造用的产品，相关部门没有关税方面的优惠，对比电动护理床、轮椅、助行车和拐杖等这些与残障相关的产品有较低的关税税率，对适老产品也希望能给予一定的关税优惠。对于适老的日常用品，是否能与普通的日常用品区别对待，给予一定的关税优惠。

1.3 所要应对的需求

相关数据显示，2020年我国迈入60岁的人口数不到1200万，2021年超过2000万，2022年达4000万，这意味着近几年退休人数增加明显。“十四五”期间，我国60岁及以上老年人口每年将增加约1000万人，总量将突破3亿人。在我国60岁及以上人口中，60~69岁的低龄老年人口占55.83%，是低龄化为主的老龄化。

1.“低龄化”的适老化需求

当前，我国面临“边富边强边老”。这些老年人有一定的经济基础，稳定的退休金收入，大多具有知识、经验、技能的优势，身体状况较好。这些老年人有更强烈的愿望去完成人生目标甚至为社会贡献力量，退休后并不想像以前的老年人那样，在家替子女带孩子，他们希望能够更多地参与社会经济发展，或活跃于社区。有机构预测，未来十年，我国的60后、70后将成为全球规模最大的养老服务消费群体。从总体趋势看，我国城镇居民越来越愿意为养老服务买单。

所以，这类刚退休的老年人最大的改造需求，一是能够安全、便捷地走出去。二是能够有地方去，有事可做。三是能够尽快找到社区服务解决生活问题。四是如何便捷地使用手机等信息化工具，获得社会服务。五是如何提升居住环境的健康、舒适的性能。

2.“障碍性”的适老化需求

老年人不算作严格意义的“残疾人”，但也是属于有障碍的人。老年人和残疾人的最大区别在于，残疾人多是身体局部部位失去功能或有严重残疾，而老年人是整体身体机能的退化，行动和反应能力也随之减弱。老年人也是无障碍环境主要的使用人群。而随着年龄的增大，老年人的生活存在运动功能退化、身体的平衡能力下降，感知觉发生显著的退行性变化，神经系统退化等方面的障碍特点和生活风险，主要包括：

（1）运动功能退化带来的风险

老年人运动功能的退化同时伴随着机体老化，思维、反应相对迟钝，老年人最大的伤害是摔倒的风险，以及由此引发的后遗症。此外老年人还面临自身体力下降、容易疲劳和不能负重等问题。针对老年人运动系统的退化，应做好地面的防滑处理、避免小的高差、在重点部位安装扶手，设置电梯及坡道，在行走路线上增加休息座椅，合理设置楼梯的踏步宽度、高度和扶手的助力方式，以及在家具形式、尺寸以及设施选型等方面进行针对性考虑。

（2）感知觉功能退化带来的风险

视觉减退。老年人出现的视力问题主要表现为：在正常距离内看清物体的能力减弱：对光反应减弱，看清物体需要更多的光线，视野缩小，对闪光或炫目的反光会有较长时间的不适感；老年人易将白色的物体看成偏黄色，对颜色的辨识能力下降，辨别蓝色、紫色和绿色的能力降低：对于细小物体分辨困难。

听觉减退。老年人听不清或听不到会给其起居生活带来一定的影响。如：听不到电话或者门铃，听不到重要信息的提示，甚至听不到报警的铃声，这些可能会使老年人发生危险，对于独立生活或者出行的老年人所带来的危险性会更大。

味觉、嗅觉和触觉迟钝。触觉功能退化，会导致老年人对冷热变得不敏感，被擦伤、烫伤时不能及时察觉到：味觉功能退化，会导致老年人吃东西没有什么味道，影响食欲进而影响身体健康：嗅觉退化，会导致老年人对空气中有害的气体和异味不敏感，严重的甚至会发生中毒症状。

（3）神经系统退化带来的风险

老年人记忆力减退较明显，它直接影响到老年人对社会环境的适应。如日常生活中刚说过的话、做过的事容易忘，老年人常常忘记物品的存放位置，或者忘记正在做的事、忘记走过的路。针对老年人记忆力下降的问题，应在标识上下些功夫，做些明显的提示。针对老年人认知能力下降的问题，环境设计应易于识别，避免出现过于复杂和曲折的标识，以免造成认知困难。

第2章

国内外适老化改造相关机制建设对比分析

2.1 我国相关机制建设情况

2.1.1 相关政策法规和标准体系

1. 相关政策法规建设

近二十年来，全国人大及其常委会、国务院及其有关部门颁布的老龄法律、法规、规章及有关政策达500余件，初步形成以《中华人民共和国宪法》为基础、以1996年颁布的《中华人民共和国老年人权益保障法》为主体，包含相关法律、行政法规、地方性法规、国务院部门章程、地方政府规章和有关政策，涉及养老保障、医疗卫生、老龄服务、涉老设施、文化教育、社会参与、权益保障等为具体内容的老龄政策体系框架。

2012年新修订的《中华人民共和国老年人权益保障法》明确提出建立和完善以居家为基础、社区为依托、机构为支撑的社会养老服务体系。2013年国务院发布《关于加快发展养老服务业的若干意见》（国发〔2013〕35号）文件，明确要求加强居家和社区养老服务设施建设，新建居住（小）区要将居家和社区养老服务设施与住宅同步规划、同步建设、同步验收、同步交付使用。这些政策有效地指导了我国养老服务设施建设。

《北京市无障碍设施建设和管理条例》（以下简称《条例》）于2004年5月16日起施行，是国内第一部以立法的形式为无障碍建设和管理提供依据与标准的地方性法律。2012年，国务院公布实施《无障碍环境建设条例》，在关注无障碍设施硬环境建设的同时，对于无障碍信息交流和社区服务等软环境建设也作出了规定，这对地方立法提出了新的要求。2021年，北京市将《北京市无障碍设施建设和管理条例》调整为《北京市无障碍环境建设条例》，并于2021年11月1日起施行。从“无障碍设施”到“无障碍环境”，意味着《条例》拓展了适用范围，顺应了无障碍环境建设的发展趋势。

相关政策法规还有：2020年11月15日《国务院办公厅印发关于切实解决老年人运用智能技术困难实施方案的通知》（国办发〔2020〕45号）；2021年11月18日《中共中央 国务院关于加强新时代老龄工作的意见》；2021年12月30日《国务院关于印发“十四五”国家老龄事业发展和养老服务体系规划的通知》（国发〔2021〕35号）；国家卫生健康委、全国老龄办、国家中医药局于2021年12月31

日印发的《关于全面加强老年健康服务工作的通知》（国卫老龄发〔2021〕45号）；2022年3月23日国家卫生健康委、国家发展改革委、民政部、财政部、住房和城乡建设部、应急管理部、国家医保局、国家中医药局、中国残联9部门联合印发的《关于开展社区医养结合能力提升行动的通知》（国卫老龄函〔2022〕53号）。同时，国家卫生健康委2020年，启动全国示范性老年友好型社区创建工作。2023年6月28日第十四届全国人民代表大会常务委员会第三次会议通过《中华人民共和国无障碍环境建设法》，内容包括：总则、无障碍设施建设、无障碍信息交流、无障碍社会服务、保障措施、监督管理、法律责任、附则。

2. 标准体系

工程建设标准是推动适老化改造和无障碍环境建设的法定技术依据，经过二十多年的不断努力，以国家标准、行业标准、地方标准、标准设计图集、技术导则、建设指南等为依托，形成了较为完备的工程建设标准体系，为适老化建设、改造和使用维护，提供了全方位的技术支撑。为切实提高老年宜居环境建设和无障碍环境建设水平，住房和城乡建设部已先后发布实施了多项无障碍和养老服务设施建设相关标准。

当前我国已编制完成的与适老化环境相关的标准为：《城市居住区规划设计标准》GB 50180-2018，《住宅设计规范》GB 50096-2011，《无障碍设计规范》GB 50763-2012，《无障碍设施施工验收及维护规范》GB 50642-2011，《老年人照料设施建筑设计标准》JGJ 450-2018，以及全文强制性国家标准《建筑与市政工程无障碍通用规范》GB 55019-2021、《民用建筑通用规范》GB 55031-2022等。

很多行业协会（学会）和地方政府也编制完成了大量有关社区养老的技术标准，如北京市《社区养老服务设施设计标准》DB11/1309-2015、《居住区无障碍设计规程》DB11/1222-2015、《既有住宅适老化改造设计指南》、《北京市适老社区规划设计导则》，《上海市既有住宅适老化改造技术导则》，山东省《居家养老家居适老化改造通用要求》，江苏省《既有住宅适老化改造技术标准》，中国建筑学会标准《既有住宅加装电梯工程技术标准》T/ASC 03-2019等。

我国虽然已有一系列的适老化改造技术标准，但缺少系统性指导城市社区居家适老化改造工作如何开展，缺少与材料性能、服务需求对应的城市社区居家适老化改造的设计、施工、验收、维修养护一体化的技术措施规定。近期发布的中国工程建设标准化协会标准《城市社区居家适老化改造技术标准》T/CECS 1042–2022 填补了这项空白。当前我国发布的与适老化环境相关的现行标准见表 2.1–1。

与适老化环境相关的现行标准　　表 2.1–1

标准	适用范围
《城市居住区规划设计标准》GB 50180	提出了配置标准和通行设施的基本要求
《住宅设计规范》GB 50096	提出无障碍、适老性、通用性、健康性的关键条文
《无障碍设计规范》GB 50763	无障碍设计的主要依据
《建筑与市政工程无障碍通用规范》GB 55019	无障碍环境性能要求的全文强制性标准
《无障碍设施施工验收及维护规范》GB 50642	无障碍设施验收和维护依据
《老年人照料设施建筑设计标准》JGJ 450	老年人照料设施建筑设计的主要依据
《养老服务智能化系统技术标准》JGJ/T 484	老年智能化服务系统技术的主要依据
《老年人能力评估标准》MZ/T 039	老年能力评估的主要依据
《养老机构服务标准体系建设指南》MZ/T 170	社区养老服务设施建设规模和建设标准的主要依据
《建筑照明设计标准》 GB 50034	针对适老化照明环境设计的主要依据
《城市道路照明设计标准》CJJ 45	针对城市、社区道路的适老化照明环境设计的主要依据
《建筑设计防火规范》 GB 50016	住宅、养老服务设施改造的防火设计主要依据
《室内空气质量标准》 GB/T 18883	适老化改造中住宅、公共服务设施室内环境质量控制的主要依据
《建筑地面工程防滑技术规程》 JGJ/T 331	适老化改造中建筑地面工程防滑性能控制的主要依据
《民用建筑工程室内环境污染控制标准》GB 50325	适老化改造中室内环境污染控制的主要依据
《完整居住社区建设指南》	以居民步行时间 5 分钟，步行距离 300~500m，居住人口 5000~12000 人的区域为基本规模，所涵盖的适老化功能配置要求

2.1.2 相关机制建设和实施方法

1. 机制建设

北京、上海、重庆等城市在社区改造过程，建立了社区责任规划师系统统筹的实施方法，以小促大，探索微更新实施路径，取得了良好的效果，实现“有温度，有味道，有颜值”的高品质改造。

（1）整体统筹，规划设计先行

建立15分钟生活圈城市社区适老化环境统筹提升实施机制，开展包括无障碍和适老化相关内容的城市和社区体检，通过统筹片区整体资源，制定涵盖无障碍和适老化改造相关内容的15分钟生活圈社区更新“再规划”，在15分钟范围内统筹，盘点街道范围内可利用的资源、低效空间，调研社区居民的需求，明确配套服务补短板的改建、加建扩建内容和数量，以及无障碍和适老化改造内容和点位清单，形成总体方案，实现社区改造“一张蓝图干到底”。

形成了“一书、一图、一表”的系统性实施方法，一书：项目整体实施方案建议书，一图：片区综合改造更新规划，一表：改造内容分类对照表。

（2）一体整合，避免条块割裂

形成由一个部门牵头，由街道落实，与发展改革委、住房城乡建设委、卫健委和残联等多部门、多主体统筹协同的一体化实施机制。将社区配套设施、景观环境、市政道路、无障碍设施、信息化设施、公共艺术、城市家具等改造内容，以及相关部门职能进行整合，推行城市公共空间、社区公共环境和公共服务设施的一体化整体改造，通过抓源头、抓过程、抓验收，建立协同机制、管控机制、共建共享机制、验收回访机制等，形成有效的方法和机制。

（3）采用“双师协同负责制”

在落实社区责任规划师规划引领与实施监督责任的基础上，推进建筑师负责制，建筑师像“家庭医生”一样与居民面对面地深入沟通。建筑师不再止于图纸设计，而是负责改造全过程的精细化设计、选材和过程监管，加强老旧小区改造中“绣花功夫”的一体化、精细化、人文化专业设计水平。组织专家下社区，“小设施、大师干”的全程“陪伴式”服务，形成花小钱办大事，处处有设计的社区改造场景。

2. 实施方法

北京、上海等很多城市都在探讨15分钟生活圈范围内，街区、社区和居家全龄友好型社区改造的统筹解决方案。全龄友好城市与社区是为老年人、残疾人、儿童等全龄全体人群服务，包括城市公共空间、社区公共空间、公共服务设施在内的三大类别，覆盖了所有人的出行、健身、娱乐和交往等全方位的需求。

社区适老化环境建设不仅要满足老年人日常生活照料、医疗保健服务等生理层面需求，还要满足老年人文化、健身、休闲等心理层面需求，为老年人创造宜居环境。同时，社区不仅要满足儿童基础教育需求，提供婴幼儿照护服务和学龄前基础教育服务，还要满足儿童游戏的天性，提供安全户外活动设施，培养儿童兴趣爱好活动等，为儿童成长提供安全、健康的生活环境。

（1）全龄友好型适老化改造实施方法

以 2020 年北京市规划和自然资源委员会牵头组织实施完成的“小空间 大生活——百姓身边微空间改造行动计划”为例。“行动计划”共 8 个试点项目。在项目改造过程中，实践性地探索一体化、精细化、人文化的全龄友好型社区改造模式，取得了非常好的社会效益和环境效益。

总结形成了多方联动工作机制，调动各类社会主体，聚焦服务精准化，有效地对各种治理力量进行整合和安排。形成了部门、街道协同谋划，院士大师共同评审出谋划策，责任规划师和建筑师集群设计，社区居民和管理者共商共议，建造全过程设计深化优化，居民需求的精细化和人文化植入的流程方法。取得了非常好的社会效益和环境效益。获得北京城市更新最佳实践，住房和城乡建设部 2021 全国无障碍环境建设优秀典型案例。

通过一系列试点项目的实施，将城市公共空间、社区公共环境、社区服务设施进行全龄友好型一体化设计及其监管服务，“抓源头、抓过程、抓验收”。协调机制包括：行业主管部门统筹、部门和街道协同主导、社区协调居民议事、建造全过程深化优化、专家团队跟踪指导五个方面。

抓源头——以问题为导向，通过明确清单、建立协同、源头组织，全面摸排并精准定位社区痛点问题、人群比例，建立导师牵头的团队管理模式，由高水平设计师全程把关。

抓过程——北京市规自委、无障碍专家不定期到现场调研跟踪，通过技术把关、细化优化、跟踪评估、共治共建，听取社区居民、社区工作者、志愿者等的建议，建立人性化、精细化、一体化实施方法。严格按照施工质量标准体系进行施工作业，对过程中出现的影响施工质量的因素进行综合研判和调整，保证整体项目的高质量完成。

抓验收——通过工程验收、居民体验、交流研讨、传播推广，形成“大家一起来”的共建、共治、共享的验收方法。激发居民共同参与的热情，传播推广全龄友好无障碍建设经验。

（2）无障碍设计质量信用评价方法

2022 年北京市建立了勘察设计单位及项目负责人设计质量信用评价标准，强调实行勘察设计质量告知承诺制，健全完善事后抽查工作程序，建立勘察设计质量信用评价体系。勘察、设计单位及项目负责人信用评价实行计分制，对勘察、设计单位及项目负责人分别进行信用评价。每年赋予勘察、设计单位及项目负责人考核基础分均为 12 分，在此基础上按照信用行为分类增减相应分值。在设计质量信用评价标准中，无障碍设计质量承诺占了 2 分，有效提升了设计单位对于无障碍设计质量的关注与重视。

3. 规划设计

（1）城市无障碍环境建设专项规划

各省市针对城市无障碍规划都做出了积极尝试，所编制的无障碍规划主要分为两类：国民经济社会发展类规划和城乡规划类规划。北京、上海、天津、深圳、广州、南京等城市均编制了相关规划。

“无障碍环境建设发展规划”侧重于对政府政策制定、管理方法的支撑，对建设活动的保障性和支撑性不强。“城市无障碍环境总体规划”“无障碍环境建设专项规划”属于城乡规划类规划，可对各级城乡建设活动和配套服务资源配置等提供持续性的指导，但与国土空间规划体系缺乏衔接，属于非法定规划，无法提供具体指导控制性详细规划和街区城市设计的控制性指标要求和设计要点。同时，该类规划的服务人群仍大多以服务残疾人为主导，缺乏针对老年人、儿童等更广泛人群的适用性，所以编制后对城乡建设活动的具体实施指导有限。由此可见，我国缺少国土空间规划体系下适老无障碍规划的编制方法和标准。

（2）全龄友好无障碍环境城市设计

在无障碍环境建设中，无障碍城市设计导则能够起到“上接天线，下接地气”的重要作用，是落实政策要求和规划控制指标、指导具体设计建造的重要工具，起到了连接城市规划和适老化设计的桥梁作用。以《北京无障碍城市设计导则》《全龄友好无障碍设计实施导则》为例，导则提出了北京市无障碍设施和全龄友好建设和系统化设计指引、控制要点和专项设计的方法，引导了城市公共空间人性化、精细化无障碍设计，对于北京市城市公共空间、“双奥”场馆及周边地区、老旧小区改造等场景下全龄友好环境品质的提升起到了重要作用。此外，许多城市均在无障碍城市设计导则编制方面做出了积极尝试，如嘉兴市编制了《嘉兴无障碍环境建设设计导则》、衢州编制了《衢州市城市环境无障碍设计导则》，均从城市设计的角度提出了各类引导措施，有效地指导了城市全龄友好无障碍环境建设。

（3）适老化环境建设与改造内容清单

住房和城乡建设部与各省市通过一系列的课题研究和标准编制明确了其改造内容和类型划分，以及相应的工作流程。例如：通过住房和城乡建设部专题项目《老旧小区无障碍改造研究》，世界银行贷款研究项目课题《中国城市社区居家适老化改造标准研究》，以及中国工程建设标准化协会标准《城市社区居家适老化改造技术标准》的研究，明确城市、社区和居家适老化改造内容包括：社区周边城市开敞空间、社区公共环境、社区服务设施、住宅公共空间、住宅套内空间和信息化服务。

社区周边城市开敞空间涵盖：街道空间和绿地空间。街道空间包括人行道、平面过街设施、立体过街设施、公交站点、地铁站点、停车场所。绿地空间包括街头绿地、口袋公园。

社区公共环境涵盖：道路交通、活动场地、景观绿化、场地设施和入口空间。道路交通包括社区车行道路、社区步行道路、机动车停放和非机动车停放。活动场地包括健身活动场地、文化活动场地和儿童活动场地。景观绿化包括绿化遮阴、种植苗圃和景观小品。场地设施包括宣传展示栏、休息设施、标识设施。入口空间包括单元入口和服务设施入口。

社区服务设施涵盖：便民服务、卫生服务。便民服务包括社区综合服务设施、便民商业设施、银行服务设施和快递配送设施。卫生服务包括社区公共厕所等。

住宅公共空间涵盖：出入口门厅、楼梯、走廊和电梯。住宅套内空间涵盖：入户过渡空间、居室空间、卫生间、厨房和阳台。信息化服务涵盖：社区信息化服务、居家信息化服务。

（4）全龄友好型城市、完整社区和未来社区建设

2022 年 12 月科技部、住房和城乡建设部印发的《“十四五”城镇化与城市发展科技创新专项规划》中，提出了全面提升城市品质，提高以人为核心的城市建设水平，针对全龄友好城市、活力街区和完整社区，研究其城市无障碍环境建设技术体系，全龄友好型城市公共设施、公共环境、居家环境、信息环境评价与建造技术体系，社区居家养老服务技术体系、普惠托育与适婴适童主动健康服务设施建设技术体系，多场景、多业态全龄社区服务设施建设技术。

2022 年 1 月住房和城乡建设部颁布的《完整居住社区建设指南》提出：城市居民大部分时间是在社区中度过，尤其是老年人和儿童在社区的时间最长、使用设施最频繁，且步行能力有限，是居住社区建设应优先满足、充分保障的人群。建设完整居住社区，就是从保障社区老年人、儿童的基本生活出发，配套养老、托幼等基本生活服务设施，促进公共服务的均等化，提升人民群众的幸福感和获得感。该指南提出以居民步行 5~10 分钟到达幼儿园、老年服务站等社区基本公共服务设施为原则，通过人性化、精细化的设计，设计更友好的公共空间和公共设施，为老年人、残疾人、儿童等提供安全、方便和舒适的全龄友好无障碍生活环境以及便利的服务设施。

北京、上海等开展的全龄友好城市建设，浙江开展的未来社区建设试点等突出了未来社区的“邻里场景、教育场景、健康场景、创业场景、建筑场景、交通场景、低碳场景、服务场景、治理场景”九大场景的人本化、生态化、数字化营造。明确了全龄友好的城市社区公共空间应将公共活动场地、慢行系统、无障碍设施、环境卫生、应急避难场所、技防物防、社区标识等进行系统性精细化设计。设置畅行连贯的社区慢行系统，使社区、城市道路和城市公园等形成点、线、面的系统接驳，并依托居住社区内各类公共绿地、居住社区内生活性支路步行道等形成连续、安全的健身步道，让人们更多地在阳光下活动。应保证居住社区出入口与周边城市道路和公共交通站点无障碍接驳，设有联贯社区公共绿地、公共活动场所、各类配套服务设施和住宅的无障碍人行道系统。

4. 示范推广

（1）开展“全国无障碍建设示范城市（县）”创建

自 2002 年以来，住房和城乡建设部及中国残联已开展了多届“全国无障碍建设示范城市（县）”创建示范项目。要求申报创建示范城市（县）的地方应符合以下条件：一是对照《创建全国无障碍建设示范城市（县）考评标准》，提出创建目标、制定创建工作方案，编制无障碍环境建设发展规划，制定无障碍设施建设和改造计划，在创建周期内能够达到相应要求；二是建立无障碍环境建设工作协调机制，制定相应的地方性法规或规章制度；三是加强无障碍设施的运行维护管理，并广泛发挥社会监督作用；四是组织开展无障碍环境建设培训和宣传工作，形成良好的舆论氛围；五是积极推进信息无障碍建设，提供无障碍信息交流服务；六是对包括残疾人、老年人在内的社会成员开展满意度调查，满意度达到80%以上；七是近2年未发生严重违背无障碍环境建设的事件，未发生重大安全，污染、破坏生态环境，破坏历史文化资源等事件，未发生严重违背城乡发展规律的破坏性“建设”行为，未被省级以上人民政府或住房和城乡建设主管部门通报批评。

示范项目还应符合以下评估评选的指标要求：城市新建和既有道路通达率、新建和既有公共交通设施通达率、市内公共交通线路无障碍达标率、应急避难场所无障碍设施设置率等安全便捷；新建和既有居住社区无障碍设施设置率、新建和既有居住建筑无障碍设施设置率、特殊困难老年人家庭适老化改造率等健康舒适；新建和既有公共建筑无障碍设施设置率、公园绿化活动场地、广场无障碍设施设置率、独立式公共厕所无障碍设施设置率、福利及特殊服务建筑无障碍设施设置率；政府网站、政务App无障碍和适老化建设达标率、无障碍信息交流服务覆盖率等多元包容。

（2）开展“全国老年友好型社区”创建

2020年国家卫生健康委（全国老龄办）启动创建工作，按照国家《关于开展示范性全国老年友好型社区创建工作的通知》（国卫老龄发〔2020〕23号）要求，到2025年，在全国建成5000个示范性城乡老年友好型社区，到2035年底，全国城乡社区普遍达到老年友好型社区标准。城镇社区和农村社区的创建评价既包括了硬环境的建设，也包括了软环境的营造等不同方面的评价。

一是改善老年人的居住环境：支持对老年人住房的空间布局、地面、扶手、厨房设备、如厕洗浴设备、紧急呼叫设备等进行适老化改造、维修和配备，降低老年人生活风险；建立社区防火和紧急救援网络，完善老年人住宅防火和紧急救援救助功能；定期开展独居、空巢、留守、失能（含失智）、重残、计划生育特殊家庭老年人家庭用水、用电和用气等设施安全检查，对老化或损坏的设施及时进行改造维修，排除安全隐患；加强社区生态环境建设，大力绿化和美化社区，营造卫生清洁、空气清新的社区环境。

二是方便老年人的日常出行方面：加强老年人住宅公共设施无障碍改造，重点对坡道、楼梯、电梯、扶手等进行改造，保障老年人出行安全；加强社区道路设施、休息设施、信息化设施、服务设施等与老年人日常生活密切相关的设施和场所的无障碍建设；新建城乡社区提倡人车分流模式，加强步行系统的安全性和空间节点的可识别性。

三是提升为老年人服务质量方面：为患病老年人提供基本医疗、康复护理、长期照护、安宁疗护等服务；开展老年人群营养状况监测和评价，制定满足不同老年人群营养需求的改善措施；利用社区日间照料中心及社会化资源为老年人提供生活照料、助餐助浴助洁、紧急救援、康复辅具租赁、精神慰藉、康复指导等多样化养老服务；广泛开展以老年人识骗、防骗为主要内容的宣传教育活动；建立定期巡访独居、空巢、留守、失能（含失智）、重残、计划生育特殊家庭老年人等的工作机制。

四是扩大老年人的社会参与方面：引导和组织老年人参与社区建设和管理活动，参与社区公益慈善、教科文卫等事业，支持社区老年人广泛开展自助、互助和志愿活动，充分发挥老年人的积极作用；因地制宜改造或修建综合性活动场所，配建有利于各年龄群体共同活动的健身和文化设施，为老年人和老年社会组织参与社区活动提供必要的场地、设施和经费保障，满足老年人社会参与需求。

五是丰富老年人精神文化生活孝亲敬老方面：鼓励社区自设老年教育学习点或与老年大学、教育机构和社会组织等合作在社区设立老年教育学习点；积极开展老年人思想道德、科学普及、休闲娱乐、健康知识、艺术审美、智能生活、法律法规、家庭理财、代际沟通、生命尊严等方面的教育；组织多种形式的社区敬老爱老助老主题教育活动；开展有利于促进代际互动、邻里互助的社区活动。

六是提高为老服务的科技助老智慧创新方面：提高社区为老服务信息化水平，利用社区综合服务平台，有效对接服务供给与需求信息，加强健康养老终端设备的适老化设计与开发；依托智慧网络平台和相关智能设备，为老年人的居家照护、医疗诊断、健康管理等提供远程服务及辅助技术服务；开展“智慧助老”行动，依托社区加大对老年人智能技术使用的宣教和培训。

七是管理保障到位有力方面：城乡社区工作者中有专人负责老龄工作；逐步增加为老服务设施的财力投入，扶持社区各类为老服务设施的建设和正常运营；建立老年友好型社区建设长效机制，统筹安排老年友好型社区建设工作。

（3）全国各地相继开展了适老化改造试点示范工作

北京、上海、沈阳等城市相继开展了居家适老化改造试点，按照居家适老化改造工作“保基本、广覆盖、老残一体、统筹规划”的原则，坚持公益性与市场化相结合，以需求为导向，以精细化为标准，以信息化为手段，通过个性化评估，对老年人和残疾人居家环境进行适老化和无障碍改造，解决居家生活中的障碍和困难，实现居家自主生活。采取“互联网 +”服务管理模式，随时申请，及时响应，限时服务。实现服务对象网上申请，改造内容目录索引，服务机构招标入围，改造方案量身定制，服务机构自主选择，实施改造及时精准，入户验收评价，服务全程记录，可随时查询和接受监督的服务管理模式。

2020 年江苏省南京市将“为 5000 名失能、半失能老人提供家庭适老化改造”列入市民生实事；四川省从 2019 年起全面开始实施适老化改造，目前已完成 4 万户适老化改造工作；辽宁省沈阳市从 2021 年开始已为 6000 余户符合条件的家庭进行适老化改造。

2019 年 4 月，北京市首个老旧小区适老化改造试点项目在海淀区北下关街道南二社区启动。项目由海淀区政府出资，为 99 户 80 周岁以上老人和重度失能老人家庭进行了居室适老化改造。改造内容有防滑垫、感应夜灯、扶手、洗澡椅等设备，还有智能设备进家，实现就寝、如厕、沐浴等数据实时监测。

2.1.3 当前存在的主要问题

当前，我国基本是“自上而下”由政府主导推进适老化和无障碍环境建设。城市养老设施和适老化环境建设由国家和地方卫生健康委员会分管，主要针对老年人群体。无障碍环境建设由中国残联和地方残联分管，主要针对残疾人群体。各级政府均有主管领导和专门机构负责，并制定领导小组和联席会议等相关的机制或专项行动方案推进适老化和无障碍环境建设工作的协调落实。此外，还会发挥人大、政协委员的监督作用。

当前已形成了社会的普遍共识，适老化环境建设应以无障碍环境建设为基础。我国实行无障碍设施建设与主体工程同步设计、同步施工、同步验收投入使用的三同步原则，并针对“强条”实行严格的设计审查制度。但我们发现，看似周密严谨的机制并没有涉及真正的使用个体，而是以政府主导方式进行“面”的督导，实则无法满足个体使用者的人性化、精细化要求，出现“为达标而达标”的现象。如设计人员一谈到无障碍设计，就会说满足“强条”了，并不关心是否便捷好用，是否与周围环境很好地融合。

根据最新调查结果显示，老年人对人居环境的需求已经从满足基本养老转向居住、休闲、文化、健康等更加多元化的需求，这就要求城市建设必须从整体性、系统性出发，转变理念认识、改进工作方法、提高建设水平，积极回应人民期盼，建设老年友好人居环境。

当前，我国无论是从城市和街区层级的规划、社区周边城市公共空间设计、社区公共环境和住房的改造设计、建设还是管理都还尚未做好适老化环境建设系统的构建，缺少针对适老化改造的政策、机制、标准和方法。

1. 缺少协同改造的法规和机制，无法形成合力

一方面是社会、经济、建设等不同领域相关适老化环境建设的法规和政策不协同，另一方面是城市适老化建设本身的规划设计、建设改造、管理运营各环节不协同。法规政策缺乏相互的协同性、系统性、整体性，容易造成“头疼医头，脚疼医脚”的短期行为，无法形成合力。

（1）缺少跨部门统筹协同实施方法。适老化改造内容很碎，只有建立多部门、多主体的统筹协同机制，才能将复杂多样的功能提升与人文环境品质提升进行全要素的一体化整合，避免割裂。才能将社区功能、景观、市政、社区文化、配套服务、无障碍设施、信息化设施、居民个性需求、人文环境友好等多要素进行耦合，达到资金、功能、品质、关爱、文化等全面融合，实现“有温度，有味道，有颜值”的高品质改造。

（2）缺少形成部门合力的实施方法。各政策体系之间衔接和细化不足，造成政策的合力不足。适老化环境建设是社区整体环境的系统性提升，是各部门合力的系统性整合。但由于所涉及的改造内容和范围所属管理部门不同，存在大量的重合局部改造问题。如民政部门改完养老驿站、住建部门不能及时配套周边环境适老化改造，民政和残联完成了居家适老化或无障碍改造，住建部门不能及时加建电梯和进行楼梯间适老化改造等问题。这就需要统筹改造内容，列清详细的针对性改造需求和性能提升清单，形成具有合力的顶层设计方案，才能真正地保障系统性的实施。

2. 缺少全面统筹的系统性实施方法，存在割裂现象

目前适老化环境建设还没有从城市和社区的整体角度出发，缺乏整体规划，难以系统解决各类适老化通用性需求和多样性需求。

（1）缺乏系统谋划的实施方法。目前的适老化环境建设，集中在为需要照护的重点老年人群（不能自理、半自理的高龄老年人）服务为主，缺乏从满足不同年

龄段老年人群（特别是刚刚退休的健康老年人）的需求出发，统筹谋划的片区级适老化改造“再规划”。造成了社区15分钟生活圈适老服务功能配置服务半径不合理；道路、交通和活动场地的便捷程度和无障碍性能远远不能满足安全、便捷、可达的适老化出行需求。

（2）缺少全面统筹的实施方法。贴皮、拉锁、拼凑和割裂现象严重。社区改造内容庞杂，居民的社区生活所涉及的相关要素众多。当前，缺少能够将功能性能、社区文化、居民需求、环境友好、环境美学等进行全面统筹的实施方法。难免会出现社区改造的各类“硬”环境要素之间，以及与“软”环境之间的割裂现象。

（3）缺少替代方法的认定机制。由于改造所涉及的具体问题千差万别，当出现现状改造条件不允许，改造不了的情况怎么办，替代方法怎样认定等均缺少相应的规定和实施方法。

3. 缺少城市和社区适老化环境统筹，局限于居家养老

当前，我国适老化环境建设主要偏重住房和养老设施建设，缺乏对老年人适老居住、出行、就医、养老、工作等全生活场景适老化需求的统筹考虑，适老化环境和设施不成体系，公共活动场地少且适老化质量普遍不高。

（1）缺少从城市社区整体角度出发的整体性改造方法。虽然各地市已制定了一系列相关适老化改造技术标准，但主要还是针对社区与居家适老化改造。缺少针对15分钟生活圈，城市、社区和居家相互关联、空间连贯，针对其安全、便利和舒适等方面的适老化改造系统性标准。对于大多数的老年人而言，其晚年生活要“有事可做”，要“走得出去”，要“充满活力”，而不是仅仅待在小区里或家中。所以，应避免城市、社区和居家适老化环境的割裂，适老化改造不能仅仅停留于居家，更应该拓展到社区和社区周边城市开敞空间。

（2）缺少多尺度连贯、全过程全要素管控的技术标准。缺少城市、社区和居家改造分类分级改造内容和工作清单；缺少对城市社区居家适老化改造的设计、施工、验收、维护和评价等全过程技术措施和标准。缺少适老化产品性能选用标准、居住环境质量控制标准等。

（3）缺少受条件所限无法改造时住房置换标准和方法。缺少符合我国国情和市场需求，在原有生活圈范围内进行适老住房置换的方法，以及社区内增建或改造符合老年人生活习性的老年公寓建设标准。

4. 适老化设施建设与服务不匹配，缺少人文环境建设

当前，我国缺乏环境和设施建设与服务配置的融合，造成了服务质量与设施配建之间的不匹配，“重硬件设施，轻服务配套”。

（1）环境设施建设与服务资源缺乏整合。缺少以用户体验和需求满意度为基础，符合适老化工效学技术要求的社区服务配置、质量控制和测评评价标准。针对不同身体状况的老年人（特别是患病老年人）多样化养老服务，以及社区适老家政、宣传教育、定期巡访、文体活动、社会参与、信息化产品应用等助老服务与环境设施建设不匹配。

（2）适老化环境建设与社区文化不匹配。很多老年人都是长期在其居住的社区生活，对社区有很深的感情，有着固有的生活规律和生活圈，他们对生活方便、邻里交往、社区文化等方面有着特有的记忆和认知。而当前适老化建设往往就设施论设施、就住房论住房，没有在解决老年人生理变化对环境设施需要的同时，充分考虑老年人文化精神需求。如，各类公共活动场所普遍缺少社区特有的文化场景设计，基本是套用统一的设施、标识和宣传栏，无法体现“这是我家”处处有设计的社区文化场景。

5. 以政府保障模式为主，市场化资源融入不足

目前，我国适老化环境建设多以政府投入为主，以兜底保障为主要目的。适老化改造服务覆盖的人群很有限，适老化产品质量普遍不高、功能单一，还没有形成市场化改造产品，难以满足全体老年人特别是健康老人更加多样化的需求。还没有形成市场化资源融入的机制和配套方案，对于促进社会活力、带动经济发展的作用非常有限。

（1）分类分级出资的执行依据不足。虽然很多地方已出台了一系列的分类改造清单，但多数仅是针对低保困难群体的室内适老化改造兜底方法，以及老旧小区改造基础项改造清单和方法。缺少明确的分类分级改造内容清单，不清楚哪些是政府出资，哪些可居民出资，哪些应为市场投入，没有可依据的文件指导发改和财政立项、审批、拨款等。

（2）适老化改造的“利好”不明确。我国不同于发达国家住房以低层独户为主，大多数社区为多、高层高密度集聚的住宅区，社区公共空间为居民所共有，对社区公共空间改造的出资主体不明确，也不了解通过社区适老化改造可提升住宅本体的

商业价值，以及房产价值升值所带来的“利好”，所以只能依赖政府出资改造。特别是针对城市和社区公共空间的改造内容并不明确，所对应的改造成本、性能和技术方案，以及给投资企业和居民会带来哪些“利好”都还没有阐述清晰。

（3）缺少市场化资源融入实施方案。当前，各地政府只能用有限的财力，增设些必需的基本设施，缺少解决适老化分类需求所对应的市场化实施方案。还没有形成针对量大面广的低龄老年人群，对应社区公共环境和居家环境场景，以及安全、健康、便捷、舒适的适老化功能提升的市场化改造模式、方法，还没有明确资源投入与资金回笼的可持续解决方案。

6. 针对适老化环境建设执业能力不强，人才队伍短缺

目前，规划设计师、建筑师、施工人员、验收人员和管理运营人员普遍缺乏系统性适老化相关知识和技能，缺乏专业的教育培训，成为制约适老化环境建设质量提升的瓶颈问题。

然而，目前改造过程中与居民接触最多的是施工单位或家改装修公司，由于专业所限，致使人性化改造落实不足。老年人的改造需求既与其健康状况、生活习惯、住宅原有环境情况有关，也与老年人可利用的各种居家及社区养老服务有关，十分复杂。但老年人往往对改造需求无法正确判断并表达出来，需要多学科背景的专业团队运用专业知识及相关评估工具共同作出专业判断后，代老年人发声。

（1）精准施策能力不足。改造现场实际情况“千差万别”，需要从老年居民不同的需求角度提出不同的适宜性解决办法。很多细节改造无法简单按现行标准设计实施，需要建筑师在现场像“家庭医生”一样与居民面对面地深入沟通。适老化改造是非常专业的工作，综合评估、适老设计、改造实施、产品适配、持续服务等各个环节都需要专业人员把关，要在统一标准的基础上“一户一策”制定方案。

当前，政府出资“保基本”的适老化改造，容易陷入“千家一面”的误区。居家环境适老化改造是以满足老年人个体需求为目的，否则改造可能根本没用，甚至成为障碍。例如，给瘫痪老人的家里到处安上扶手，老人不仅没有能力使用，这些改造反而可能影响轮椅使用。若老人身体能力尚可，却处处安上扶手、无障碍坡道、换上护理床，首先会给老人的尊严感、对居家环境的控制感带来损害，其次不利于保留和恢复老人的自理能力，很可能进一步加速老人能力的衰退，花了钱却适得其反。

（2）改造的精细化不足。当前，很多设计单位将“无障碍环境建设与适老化环境提升”混淆，仅仅是依据“标准”完成诸如坡道扶手等基本设施的改造，特别是针对城市社区的公共空间适老化全系统、全要素的人性化和精细化设计知之甚少，无法达到系统性改造和适老化环境整体品质提升的要求，这些都与专业化人才队伍短缺息息相关。

7. 缺少城市社区无障碍体检和需求数据，难以精准施策

缺少定期开展城市社区适老化环境建设现状、需求及效果的评估，无法准确及时掌握老年人需求、适老设施现状情况，致使相关规划和政策措施的科学性和精准度不足，难以有效实施落地。

（1）缺少城市社区无障碍体检的方法和机制。缺少针对城市、社区和居家无障碍环境系统性体检的机制和方法，缺少对城市无障碍体检智能化数据搜集、清洗及分析工具（各类设施布局、数量和密度等），以及与老年人需求之间融合适配的指标控制体系。

（2）缺少老年人用户体验和满意度数据支撑。缺少多目标、多维度、分类分序适老化服务需求场景推演分析工具。缺少老年人体验感知、行为与生活轨迹的需求用户画像。例如：根据调研数据显示，轮椅推行的老年人出行并不走人行道，而是在自行车道上推行。究其原因主要是人行道一般较为狭窄，道路上的设施多（如共享单车、电箱等很多设施都设置在人行道上），再加上各类占道等现象，轮椅在人行道很难推行。同时，由于人行道较窄，轮椅会在行进盲道上推行，造成推行颠簸感很不舒适，所以他们一般会选择非机动车道推行。

8. 缺乏对适老化“利好”的宣传，难以形成社会共识

居民对为谁进行适老化改造，改造目的、政策解读理解不到位，相关改造科普知识宣贯不足。居民普遍认为这是政府的事，是业绩工程，不能理解为这是“居民自己的事”，更谈不上居民参与出资。改造时群众在宅生活，很多居民甚至认为给他们的生活添麻烦。造成“政府出资，群众未必领情”，政府做好事，群众还不理解的现象。

政府、市场和社会各方需要认识到适老化改造的主体应当是最终受益人，而不是政府或者企业一厢情愿的投入。因此，只有形成大规模的社会共识，才能形成较

大规模的市场需求，从而实现适老化建设的可持续发展，实现双赢。

（1）老人不了解适老化环境是老年生活之必需。目前我国老年人及其子女还未对适老化改造形成普遍的共识，对适老化改造对晚年生活所带来的生活品质提升知之甚少，还有很多老人不理解适老化改造的意义和作用，但当跌倒等事件发生时为时已晚。多数老年人并不了解都要改哪些，要花多少钱？解决什么事？找谁去改？谁来对质量负责？只有到了迫不得已时，才会购买相应的辅具和进行改造。

（2）子女不了解适老化环境是对住房性能的提升。受传统养老观念影响，中国老人一辈子节俭，较少为自己考虑，当被问到是否要适老化改造时，他们第一反应基本都是拒绝的，还有少数人会反复思考改造到底值不值。子女普遍不了解无论是新建住房还是改造住房，适老化环境都是住房性能的提升和市场价值的体现。所以，让子女了解出资进行社区公共环境和居室的适老化改造对于住房价值会有很大的提升，从而出资支持父母进行改造至关重要。

2.1.4　实地调研与需求分析

为详细了解社区居民对城市、社区适老化环境建设的意见与需求，作者先后在北京、沈阳、杭州、衢州等13个城市及当地社区开展实地调研，与社区居民开展面对面访谈，获得有效问卷近1300余份。并与政府主管部门、街道社区、设计单位、科研单位、专业机构、施工企业、设备厂家等10余家参与适老化环境建设的单位进行了多次专题研讨，分析当前存在的问题，共同研讨务实有效的实施方法。

本次调研工作，一是针对以往较少关注的老年人日常出行、购物、活动等社区公共空间适老化改造，“改完好不好用，需要不需要”的情况开展实地调研。二是重点聚焦城市和社区公共空间适老化改造的社会资本介入和多部门协同机制等，以及在实际工作中所遇到的难点问题开展调研。

1. 城市与社区公共环境的适老化需求

调研中统计，超过一半的家庭有60岁以上老人，约23%的家庭至少有一位12岁以下的儿童（图2.1–1、图2.1–2），同时有“一老一小”的家庭比例近10%。这意味着通过适老化环境建设和提升，解决老年人和儿童安全出行和户外活动的需求是近半数社区居民要面临的现实情况；实现老幼共享、代际友好的环境建设，是我

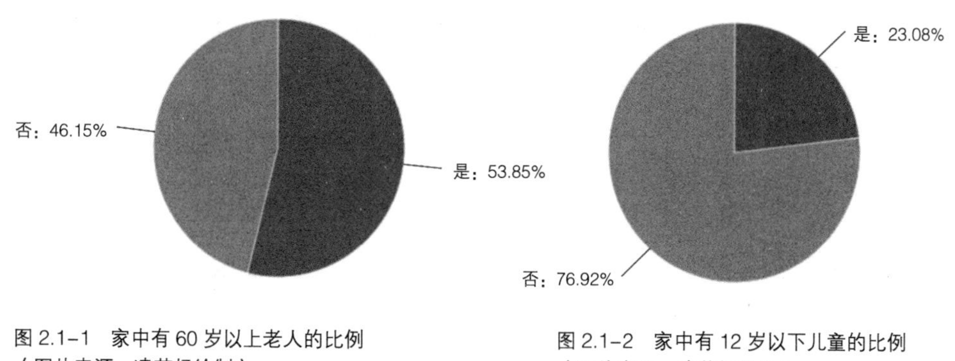

图 2.1–1　家中有 60 岁以上老人的比例
（图片来源：凌苏扬绘制）

图 2.1–2　家中有 12 岁以下儿童的比例
（图片来源：凌苏扬绘制）

国社区居民当下和未来面临的主要问题与需求。

（1）出行方式

约 46% 的家庭拥有机动车，42% 的人有非机动车，主要的出行方式排序为公共交通工具（77.78%）、私家车（47.86%）、自行车（33.33%）、电动车（18.80%）、摩托车（0.85%），见表 2.1–2。这说明交通配套设施，特别是公共交通场站、停车场的适老化水平对于老年人的出行至关重要。

社区居民出行方式选择比例　　**表 2.1–2**

选项	比例
自行车	33.33%
电动车	18.80%
摩托车	0.85%
私家车	47.86%
公共交通工具（公交、地铁）	77.78%

数据来源：凌苏扬调查。

（2）户外活动

调研中发现，超七成的社区居民会在公共空间活动 0~2h，部分居民甚至会超过 4h（表 2.1–3），这说明除了居家生活外，在城市及社区公共空间的活动，也是居民（特别是老年人）日常生活的重要组成部分之一。因此提升户外公共空间的适老化水平对于帮助老年人安全走出家门、舒适地享受生活是十分必要的。

社区居民室外公共空间活动时长统计　　表 2.1–3

选项	比例
0~1h	48.72%
1~2h	23.93%
2~4h	20.51%
4~8h	5.13%
其他	1.71%

数据来源：凌苏扬调查。

（3）公共空间品质

居民对此的满意度不高，主要意见集中在出入的安全性和便捷性不足、景观和视觉标识美感不足、缺少必要的各类活动空间，例如休息场所、健身场所、适合老年人、儿童的活动场所等，另外文化氛围和文化设施不足也是居民对公共空间品质满意度不高的具体意见之一，见图 2.1–3~ 图 2.1–6。

总的来说，居民（特别是老年人）对于城市、社区公共空间的环境品质还是抱有较高的期待，特别是对有关安全便捷的日常出行、便利的配套设施、良好的景观环境和舒适的活动场地等需求和问题关注度较高。

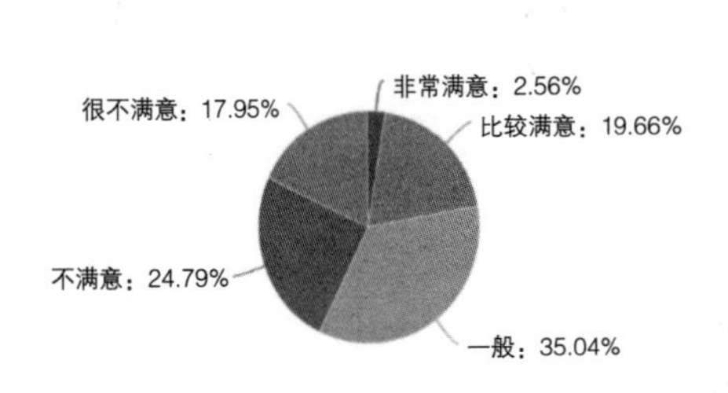

图 2.1–3　社区居民对室外公共空间的满意度
（图片来源：凌苏扬绘制）

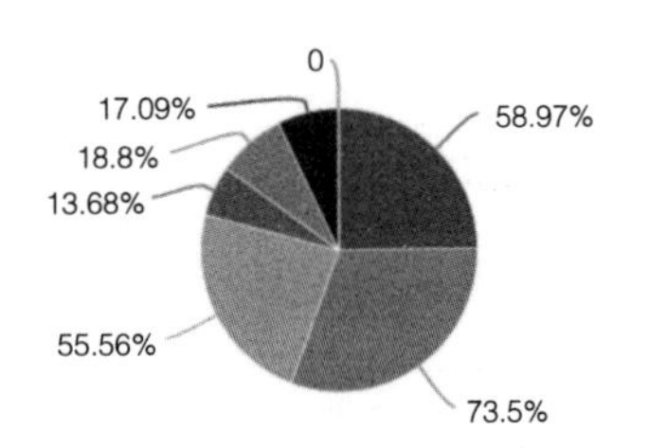

图 2.1–4　社区居民对公共空间出行的意见
（图片来源：凌苏扬绘制）

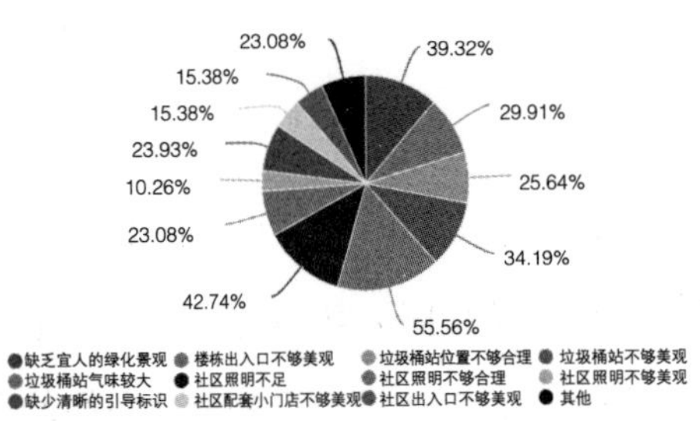

图 2.1–5　社区居民对公共空间景观的意见
（图片来源：凌苏扬绘制）

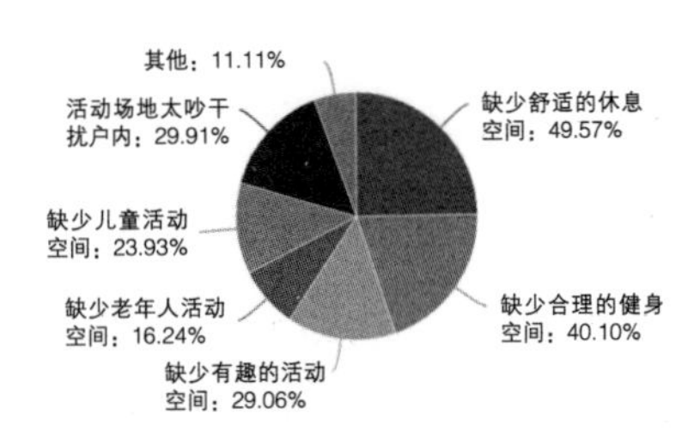

图 2.1–6　社区居民对公共空间活动场所的意见
（图片来源：凌苏扬绘制）

2. 城市与社区公共空间适老化环境建设机制和方法

针对城市与社区公共空间和设施的适老化改造所开展的调研包括：社区周边城市街道、过街设施、社区活动场地、社区综合服务设施、单元出入口、老年代步车停车场所等处的适老化环境改造，通过与主管部门、街道和社区的座谈研讨，认为主要存在以下难点问题：

（1）改造任务不明确，缺乏协同性系统性统筹

虽然各地按照主管部门的部署和自身客观条件已开展了相应工作，但总的来看，系统性和统筹性不强。有的城市则仍只关注养老机构的建设与改造，或是在老旧小区改造中只关注电梯加装等“有明确题目的文章”。有的城市虽拟定了全面详细的工作计划和内容清单，但对于“改什么？谁出钱？怎么改？谁获益？谁维护？”等系统性问题缺乏思考，虽然社区综合服务设施的建设品质、人性化和精细化水平都很高，但很多仅局限于点位，对于周边城市和社区公共空间则缺乏关注。调研时大家普遍反映不清楚周边适老化环境该由哪个部门负责？什么时间改？怎么改？由此可见，制定城市街道、社区公共环境、社区服务设施和住宅公共空间的社区15分钟生活圈分类分级改造内容清单，形成系统的实施和筹资运行方案，建立相关协同机制，对于城市和社区公共空间的适老化环境建设至关重要。

（2）资金筹措渠道单一，社会资本难以介入

不可否认的是，无论是城市还是社区，公共空间范围内的设施与环境建设主要是政府的职责，其建设改造资金也大多来源于财政资金。但财政资金毕竟是有限的，难以覆盖、惠及更大的范围，只能用来“保基本”。同时该模式是不可持续的，缺少资金回笼的路径方法，无法形成闭合的资金循环路径。山东某城市在过街人行天桥的适老化改造（图2.1-7）中采用了BOT (Build-Operate-Transfer，即建设－经营－

图2.1-7　山东某城市过街人行天桥加建电梯
（图片来源：崔德鑫自摄）

转让模式)，由项目实施单位投资建设，通过天桥公共部位的广告经营实现资金回笼、盈利，一定年限后转让给政府。这种模式为城市公共空间和基础设施的适老化水平提升提供了一种较好的参考，可有效缓解财政资金的压力，也能激励有着较高技术水平的机构积极参与相关建设。

在社区特别是老旧小区的适老化环境改造中，社会资本虽然有着较强烈的参与意愿，但因为用地空间紧张，加建增容、改变功能、消防安全等各类客观条件的限制，导致可用于经营的空间不多，这就限制了投资的回收周期和收益率，使社区适老化环境的改造“看起来很美”，社会资本介入时却“望而却步”。当前，我国既有社区的很多方面已无法满足现行国家和地方标准要求，强行按照现行标准去衡量、评价，难免有不科学、不客观。因此在既有社区的适老化环境建设中，能否充分考虑在满足各类安全要求、不改变用地性质的前提下，结合片区统筹的整体改造，采用“轻量”微改造的设计方法，加建功能复合的各类装配式模块“设施”（非建筑），增加社区中可用于经营和服务的空间场所，如利用社区小学校的操场改造为对社区错时开放的“立体多功能”健身运动场地和文娱场所。

（3）管理权责交叉，缺少协同机制和方法

“城市—社区—居家”的适老化环境建设，是一项在多尺度、连续性空间下开展的系统性工作，涉及的工作内容、专业知识繁杂，甚至可以说是琐碎，涉及的现场限制性条件也会更加复杂。在现有的机制和模式下，不可避免地需要多部门的通力合作才能顺利地推进和落实。例如应对人口老龄化的主要工作职责归口在卫健系统，无障碍环境建设又会归口在残联，但适老化环境建设涉及大量的城市、社区公共空间和设施的相关建设管理职责则归口在规划与住建系统，而财政投入计划与审批归口在发改系统，落实和执行（包括筹资和运行方案的制定）却是在街道办事处，最终居民使用反馈是在社区。如何理顺各部门工作权责、统筹协同工作内容，是适老化环境建设所面临的难题，也是仅依靠部门和街道无法解决的问题。可供参考的有新加坡成立的“人口老龄化部长级委员会”和北京市 2005 年建立的由市规划委牵头的“北京市无障碍设施建设和改造工作联席会议”，这两种模式都是通过搭建多部门协同“平台”，统筹各项系统性工作，并取得了良好的实际效果。

2.2 国外相关机制建设情况

适老化环境建设是一个系统性问题，既有技术和方法问题，也有政策和机制问题，从国际经验来看，很多发达国家都有较为成熟和行之有效的政策机制、成套技术和产业化配套产品，以及相关标准。

美国于 1965 年、2017 年先后出台了《美国老年人法》《老年人无障碍住房法案》；丹麦 1987 年修订了《社会援助法》、出台了《老年人住宅法》；德国 1988 年、1994 年先后出台了《医疗保险法》《护理保险法》。其已有的法律法规基本涵盖了适老型居住、适老型服务设施、公共交通、资金保障等适老型空间建设的各个领域。在法律条款的设置上，相关法律对各自领域的适老型空间建设提出细致的设计要求，以保证空间建设标准的规范统一。并均以法律、法案的形式明确了从城市环境到住宅空间，从辅具设施购置、租赁到服务提供全方位的法制保障，也为其后续的技术与服务体系构建、市场机制构建提供了根本基础。

2.2.1 法规和技术标准对比分析

1.“适老不唯老，通用无障碍”的法治建设理念

发达国家针对城市适老化环境建设采取“适老不唯老”的理念，针对城市和社区不同的环境场所和使用人群，有效平衡、协调了群体与个体的诉求差异，实现了投入效益的最大化。倡导全龄、全人群共享的“通用设计”和“代际综合规划”（Multigenerational Planning），提高社会包容性。城市公共空间和设施改造充分考虑老年人、残疾人、伤病者、负重者、孕妇、年轻人和儿童的可达性、安全性和通用性；通过社区适老化环境建设促进老年人和儿童的社会参与；适老化住宅的建设改造则充分尊重个体需求和意愿，重视改造前对现有环境和使用者身体状态的评估，并用标准化的实施流程把控最终的质量。

发达国家针对城市、社区和建筑的公共环境采取“通用无障碍”的理念，2010 年美国修订的《美国残疾人法案》（以下简称“ADA 法案”）规定，只要有功能性障碍就为残障，残障存在与否及其程度，要看社会角色和活动在多大程度上受到限制，而不是简单地观察其生理或心理状态如何。可以看到，发达国家的无障碍人群和服务对象是根据人对空间的使用能力来进行界定评价，包括老年人、残疾人

和患病者等在内的所有功能性障碍人群，占总人口的比例达30%。正是由于其普惠人群大，所以受到全社会的极大关注和重视，并成为促进社会经济发展的重要动能之一。我国普遍将“无障碍”的服务人群定义为“残疾人”，而将“适老化”的服务人群定义为“老年人”。受传统文化影响，即使是失能老年人也不希望被列入残障人士的群体。所以，可将残疾人的认定、老年人失能半失能的认定以及患病者失能半失能人士的认定统一为“无障碍受益人士”，尽快出台统一的国家标准。

2. 美国适老无障碍环境法制建设和保障机制

美国卫生与公众服务部（Department of Health and Human Service，简称HHS）将适老化改造定义为“以适应不完全身心机能者的需求而开展的生活空间调整，以帮助他们尽可能久地维持独立而安全的生活。”依据《美国老年人法》（Old Americans Act），为住宅适老化改造提供支持。

1961年美国国家标准协会制定了世界上最早的一部建筑无障碍标准《便于肢体残疾人进入及使用的建筑和设施的美国标准说明》（ASA），为残疾人平等享用公共建筑、公共交通和其他服务提供了法律保障，是ADA法案的基础。1968年和1973年，美国国会分别通过了《建筑无障碍条例》和《康复法》，提出了使残疾人平等参与社会生活，在公共建筑、交通设施及住宅中实施无障碍设计的要求，并规定所有联邦政府投资的项目都必须实施无障碍设计。1990年6月，美国国会通过《美国残疾人法案》。使无障碍设计和设施建设发展成为提倡人人平等的通用模式，对世界多个国家的残疾人法律制定产生了很大的影响。2010年美国又修订了ADA法案，细化了在公共交通、公共空间、电子通信等方面满足残障人士需求和享受相同服务的条款。目前，美国ADA法案的主要内容包括五个方面：第一，雇工法案，15人以上的雇工企业必须提供残障人士使用的辅助设施，不能影响残障人士接受雇用的机会，如果残障人士可以在家完成工作，应允许其在家工作。第二，城市的公共服务、公共交通和各类公共设施要满足残障人士使用需求，例如市政府听证会的会议室要提供轮椅、辅助视力和听力等服务，公共服务要能够为全民提供服务，城市人行道等都要有相应的无障碍设施。第三，城市公共商业设施，如旅馆、剧院等要建设无障碍设施。第四，电信通信方面要能满足残障人士使用需求。第五，其他法律法规等相关事项（如律师费等）。

美国联邦政府不负责并且很少涉足建筑标准事务，各州负责建筑安全立法工作，州市县政府颁布实施建筑技术法规。通过法律采用或者转化为技术法规的方式，赋予标准强制性作用，标准的制修订也围绕法律的要求，并且有专门的机构负责法律法规、标准的制修订工作。由此可以看出，美国无障碍环境法制建设和保障机制，既包括了由上至下的法规标准制定，也包括由下至上的律师代表残障人士（包括老年人）诉讼政府的法律督导机制，通过严格的执法形成全民共识，迅速提升了全社会对于无障碍环境建设的认知和认同，其中法律工作者起到了至关重要的作用。

3. 日本适老无障碍环境法制建设和保障机制

日本在1950年出台了《身心障碍者福祉法》，1993年出台了《残疾人基本法》。从1994年开始，日本就以法律法规的形式来对建筑等设施的设计进行约束，并分别制定了《爱心建筑法》和《交通无障碍法》。2006年，日本将以上两个法律合并修订，由国土交通省颁布了国家层面的无障碍法律《交通与建筑无障碍法规》并沿用至今，内容涉及交通设施、停车场、公园、建筑等几大领域。2001年颁布《高龄者居住法》，根据高龄者身体特性，建设具备相应的面积、设备与无障碍设计要求的高龄者租赁住宅开始涌现；出台《高龄者专用租赁住宅登记标准》，由政府搭建面向老人的租赁信息平台；2011年修订《高龄者居住法》，放宽经营高龄者住宅的申请，增强了民间企业参与投入的积极性。同时，在各地区推行高龄者居住稳定计划，建设附带服务功能的老年住宅，包括推动养老院建设以及社区综合护理体系构建。高龄者租赁住宅呈现设施功能复合化、居住环境人性化、服务内容多样化、住宅小规模化、室内设备智能化与通用设计的特点。

基于国家层面的适老无障碍法规，日本47个都道府县已经出台了地方的规范（日本的国家法规称为法律，地方的则称为条例）。法律本身便包含如门宽、扶手高度等技术标准，条例在其基础上根据区域特色将技术标准深化、细化，因此日本具有法律效能的适老无障碍标准体系的技术要求极为细致具体。

4. 对比分析

通过研究发达国家在住宅适老化方面的先进经验，不难发现，无论是实行护理保险制度的日本、德国、荷兰，公共福利丰厚的丹麦、瑞典，还是市场经济繁荣的美国，从城市和社区的公共空间无障碍环境改造到社区居家适老化改造都具有相应的法律法规对其做出明确界定。例如：《美国残疾人法案》详细规定了：为保障行动有障碍的老年人和残疾人的生活和工作环境符合无障碍要求，社会各方主体所应承担的责任和具体的要求。《美国老年人法》中将“适老化改造”定义为“居家养老服务”（in-home services）的一种，将其描述为“为支持老人继续在住宅中生活所必要的小改造”，并将其纳入国家机构应该提供的服务范畴。在发达国家，类似这样的法律法规为相关政策制度的确立和施行提供了法律依据，同时附带了更加细致的功能和技术性能要求。

我国1990年颁布了《中华人民共和国残疾人保障法》、1996年颁布了《中华人民共和国老年人权益保障法》，对宜居环境的相关内容进行了规定，提及了“优先推进与老年人日常生活密切相关的公共服务设施的改造”和“推动和扶持老年人家庭无障碍设施的改造”，但在内容的深度和效力等方面还需加强，特别是如何将具有法律效能，细致具体的适老无障碍技术标准要求纳入其中，仍有待结合我国国情进一步完善。

2.2.2 机制和实施方法对比分析

1. 城市适老无障碍环境建设机制和实施方法

美国的城市无障碍环境建设主要是由各级（州、县）政府的税收来支撑，特别要说明的是，各州会组成县域级的政府联合会，通过和民众的沟通，实现增加地方税率来满足无障碍环境的建设。美国无障碍环境建设的实施组织主要是政府设立各层级的相关部门或者办事机构，由州政府建筑署或州规划局承担具体的无障碍设施的建设工作。

在具体的实施过程中，律师代表残障人士（包括老年人）诉讼政府无障碍设施缺失或设置不合理，法院判定政府或相关方责任，赔偿残障人士并完善无障碍设施。监督的第一步是确定该设施是否在法律覆盖的范围之内；第二步是看该设施是否符合无障碍标准；如果不符合标准，就会监督责任实体将该设施进行改造，直到改造完成后，投诉案件才能结案。

日本无障碍环境建设由各地方政府相关部门负责，如属于东京都管辖的建筑、道路等由东京都负责验收。一般均设有建筑指导课和（或）建筑行政课等负责建筑验收的部门；道路则有道路营缮课，公园有公园的直管部门。总之不同的类别都有相应机构负责审核、检查和验收。日本无障碍建设验收分为三个阶段：一是对项目设计方案进行审核，审核合格方准许施工。二是在项目施工中期进行检查。三是项目结束后进行验收。所有的项目都要经过方案审核、项目中期检查和项目完工后的验收，验收中只对法规或条例中规定必须做到的条款进行验收，验收合格发放验收许可证，拿不到许可证的建筑或道路不能使用。日本相关验收工作大部分委托第三方机构进行，比例达到 80%~90%，第三方验收后，向政府提交验收报告。

2. 居家适老无障碍环境建设机制和实施方法

发达国家经过长期实践，在适老化改造方面已经形成了标准化、规范化、可操作的实施机制保障，具体涉及适老化改造的申请方法与设施流程，适老化改造资金的申请条件、使用范围和额度计算标准等。

例如日本居家适老化改造的介护保险支付的住宅改修服务申请和实施流程大致可分为 4 个步骤：

一是评估：当老年人打算进行住宅改修时，可到当地有关部门与护理经纪人就住宅改修问题进行咨询，如符合要求便可提交申请。申请受理后，会有专业人员上门对老年人的身体状况和住宅状况进行评估，并明确住宅改修的留意点。

二是设计：老年人家庭可与提供适老化改造服务的企业讨论形成改造方案和预算，并通过与各相关专业交换意见，对改造方案进行修改和完善。

三是改造：在施工前，申请人需要办理事前申请手续，提交申请材料，包括住宅改修费用支付申请书、进行住宅改修的必要性说明（由护理经纪人制作）、施工费用报价单（附明细）、施工计划书（含图纸）、住宅所有者的证明（当住宅改修申请者与住宅所有者不是一人时需提供）、委任状、施工前照片等。

完成事前申请手续后，便可进行施工。施工完成后，申请人需要先将施工费用全额自费支付给住宅适老化改造的服务企业，并办理事后申请手续，提交相关材料，包括住宅改修施工完成报告、施工后的照片，住宅改修相关费用的收据，改造施工项目费用明细等，正式申请支付。经确认改造施工已完成、改造费用符合要求的情况下，在支付额度之内，介护保险会返还相应住宅改修费用的 9 成。

四是跟进：施工完成后，有关部门将继续跟进改修后的住宅使用状况，如图 2.2-1 所示。

虽然各国的政策制度各不相同，但都经过了周密考虑和细致设计，并根据实施情况反馈进行了多次优化调整，以确保严谨规范。完善的机制保障有助于保证政策实

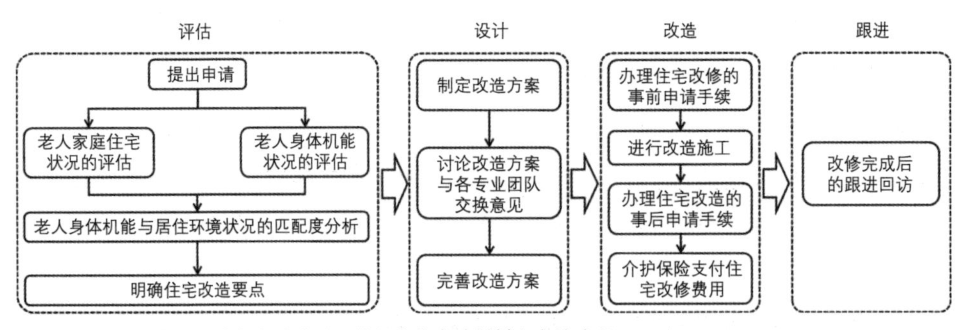

图 2.2-1 日本介护保险住宅改修采用的标准化申请材料和实施流程

施的公平性和规范性，提高适老化改造的质量和效率，实现相关资金的高效合理利用。

我国的适老化改造才刚刚起步，相关制度仍在摸索当中，尚未经过长期实践的检验，难免存在不完善之处。这一方面需要我们学习借鉴其他国家和地区在适老化改造制度保障方面积累的先进经验，少走弯路；另一方面也需要我们结合实践反馈对现有制度进行优化改进，最终形成符合中国国情的适老化改造制度体系。

3. 城市、社区和居家适老化改造资金来源

（1）城市适老化改造的资金来源

发达国家城市公共空间无障碍改造的资金来源主要是靠各级政府的税收，例如美国政府提供的无障碍设施建设主要是由各级政府的税收来支撑，特别要说明的是，通过县域级的政府联合会进行筹资来满足无障碍设施的建设，例如圣地亚哥政府联合会（简称 SANDAG）主要负责圣地亚哥县域级资金的筹集和管理，并对于县域间道路或其他设施的无障碍建设提供资金支持。

（2）居家适老化改造的资金来源

发达国家在适老化改造方面的资金来源渠道包括税收、保险、贴息贷款、公共基金等。对于符合条件的改造项目，可通过保险支付、减免税收、发放津贴等形式给予资金支持。根据养老服务制度不同，各国的资金来源和补贴形式又呈现出差异化的特征。例如，在实行护理保险制度的日本、荷兰等国家，由参保人和国家地方税收共同缴纳的保险金是适老化改造的主要资金来源，补贴形式为保险支付。在丹麦、瑞典等高福利国家，税收几乎是适老化改造唯一的资金来源，通过津贴的形式进行发放。而在养老服务市场化程度较高的美国和新加坡，适老化改造经费则主要

来源于税收和公共基金，但与高福利国家的全额补贴不同，这些国家的补贴大多仅限于保基本（表 2.2-1）。

发达国家住宅适老化改造的资金来源和补贴形式 表 2.2-1

国家		资金来源				补贴形式		
		保险	税收	贴息贷款	公共基金	保险支付	税收减免	发放津贴
实行护理保险制度的国家	日本	●	●			●		
	荷兰	●	●			●		
	德国	●	●	●	●	●	●	●
高福利国家	丹麦		●					●
	瑞典		●					●
养老服务市场化的国家	新加坡		●		●			●
	美国		●		●		●	●

美国住宅适老化改造的具体实施由老龄化办公室（Administration on Aging，AOA）统一协调，通过全美 600 余个区域老龄化机构（Area Agency on Aging）负责实施。目前已形成多层次的住宅适老化改造服务支持项目，其中政府主要通过出台福利制度和支持地方非营利组织的公益项目满足低收入人群住房的适老化改造需求，而中等收入和高收入群体的住宅适老化改造需求则完全通过市场化的方式解决。

在适老化改造方面，德国的资金来源最为丰富，每项补贴都有明确的筹资方式、申请条件和使用范围，符合条件的老年人即可申请其中的一项或几项（表 2.2-2）。对于国家而言，这样的设计更有助于分散资金压力，实现专款专用。对于老年人家庭而言，也会得到更多重的保障。

德国为住宅适老化改造提供的 7 种不同资金来源 表 2.2-2

资金来源及法律依据	补贴条件	补贴项目	补贴额度
护理保险	提供需要照护的证明	根据申请者的身体条件和居住环境现状被认定为必要的改造项目	最高 2557 欧元，个人支付 10%，支付总额不超过收入的 50%
医疗保险	提供保险范围内的改造措施医疗处方	辅具租赁	在指定范围内不受限
公共基金	居住人数较多的业主自住房	① 厨卫更新改造 ② 安装电梯 ③ 其他有必要实施的个性化改造	对单项和总和均设资助上限

续表

资金来源及法律依据	补贴条件	补贴项目	补贴额度
意外伤害保险	被诊断为严重残疾（残疾等级 > 50）	全面的住宅改造	在指定范围内不受限
养老保险	因工造成残疾	住房的设计和改造	在指定范围内不受限
税收减免	有纳税收入	租住房或自住房的无障碍更新改造	抵扣改造服务人工费的 20%，最高 1200 欧元
KFW 银行贴息贷款	家庭可直接向银行提出申请	① 改造房屋周边道路和居住环境 ② 改善入口区域可达性 ③ 解决垂直交通问题 ④ 调整空间布局	单项改造不超过投资总额的 8% 且不超过 4000 欧元。整体改造将得到投资总额 10% 且不超过 5000 欧元

目前，我国在居家适老化改造方面的筹资模式和补贴形式还较为单一，以使用税收发放津贴的形式为主；使用长期护理保险支付适老化改造相关费用的制度尚未成型，仅在个别地区试点探索中。建议充分借鉴相关经验，同时结合我国的经济发展水平，探索更多适用于我国适老化改造的资金来源渠道，从而为我国未来的适老化改造提供更好的资金保障。

4. 多主体协同机制

从发达国家住宅适老化改造的实践当中可以看出，住宅适老化改造涉及建筑、施工、设备、医疗、护理、社会福利等多个学科专业，涉及政府、企业、社会组织和老年人家庭等多方参与主体，需要各方相互理解、密切配合才能保证改造顺利地、高质量地实施。

发达国家在这方面既有经验、也有教训。其中，荷兰的模式比较成功，在适老化改造的调查评估、制定方案、改造施工和跟踪回访等不同阶段分别有医疗、康复、建筑、设备、施工等相关领域的专业人员参与（图 2.2–2），并且建筑专业人员的参与贯穿始终，各方密切配合，能够充分发挥各自的专业技能，保证改造结果的专业性。

而相比之下，丹麦、瑞典等国家的模式值得大家思考，作业疗法师和建筑专业团队分别负责适老化改造的前、后两个阶段，作业疗法师虽然熟悉老人的身体状况和自理能力，但缺乏建筑方面的专业知识，因此在涉及改造方案、图纸和预算时，会面临很多问题；建筑师虽然非常熟悉设计与施工，但对老人的身体状况和日常生活缺乏理解，同样会造成判断上的失误（图 2.2–3）。

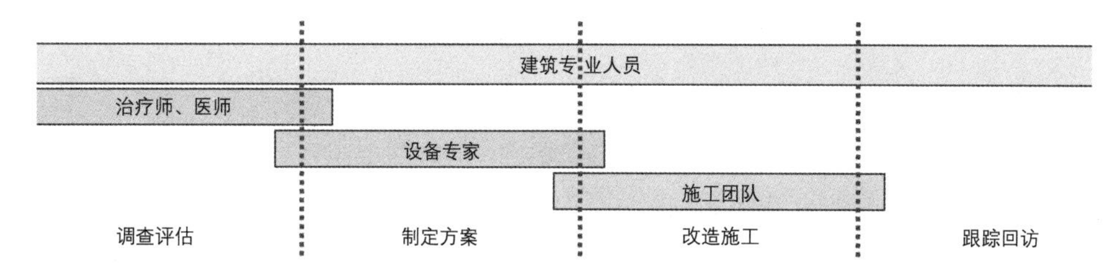

图 2.2-2　荷兰适老化改造的多方协作模式示意图

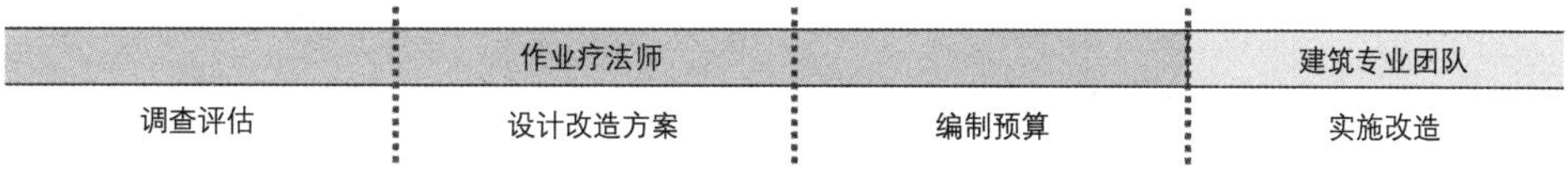

作业疗法师　建筑专业团队

调查评估　设计改造方案　编制预算　实施改造

图 2.2-3　丹麦、瑞典适老化改造的工作模式

由此可见，适老化改造如果仅仅依靠单方面力量难以实现令人满意的实施效果，在各有关方面之间建立完善的协作机制非常必要。让专业的团队从事专业的工作，有助于提高工作效率和满意度。

我国在适老化改造方面尚存在各方职能分工不清晰、沟通协作不充分等问题，有待借鉴有关经验教训，探索建立我国适老化改造的多方协作机制，以促进适老化改造工作高效、高质量的实施。

5. 经济性和执业资格认证

（1）经济性

发达国家经过长期实践，已经形成了由普通住宅、老年人住宅和老年人照料设施共同构成的养老居住模式，并明确了不同居住模式之间的衔接关系。以普通住宅为例，通过对普通住宅的改造，以尽可能长的时间支持老年人在自己家中生活。对于高龄独居老人，或住宅改造难度过大、改造成本过高的老人，则会建议搬入专门建设的老年人住宅当中。而对于家庭照护负担过重或照护难度过高的老人，则会建议老人入住老年人照料设施。

发达国家非常重视适老化改造的经济性，提倡因地制宜。例如，荷兰在设计适老化改造方案时就强调兼顾改造的必要性和经济性。瑞典也非常重视改造的性价比，对于工程量较大或刚刚建成不久的项目通常不予批准改造。丹麦在实施适老化改造时会尽量挑选价格低廉的施工方法，若提高改造标准，住户需自行负担差价。

在现实条件的制约下，适老化改造方案很难做到尽善尽美，需要在成本和效果之间达到平衡。如果难以达到平衡，那么适老化改造可能并非最佳选择。日本、荷兰、瑞典、丹麦等很多国家都为老年人提供了住宅适老化改造之外的“第二选择”。对于“不适老”的住宅，在改造之前会首先评估改造成本是否合理、改造是否便于实施等问题，如果具备上述实施改造的基本条件，即可实施改造；而如果住宅改造的成本过高或实施难度过大，则会建议老人移居至专门建造的老年人住宅当中。

我国目前已在老年人照料设施建设和普通住宅适老化改造方面进行了大量的工作，但对介于二者之间的老年人住宅和老年人公寓尚未引起足够重视，缺乏相关的建筑标准，导致这类项目在审批过程中缺乏参考依据，发展受到限制，不利于形成完善的养老居住建筑体系。对于家庭环境适老化改造难度较大的老年人而言，由于缺乏中间选择，他们只得在不适老的住宅当中“凑合”下去，或提早进入老年人照料设施，导致生活品质受损，这一问题亟待解决。

（2）执业资格认证

日本、美国、北欧等发达国家及地区在适老无障碍行业已经形成了较为完善的企业资质和职业资格认证制度，从事适老无障碍服务的企业需要取得相应的专业资质，才能开展相关的业务；提供适老化改造服务的工作人员须经过专业培训，获得职业资格认证，才能从事关键的工作。而认证机构都是由非营利机构等社会组织来承担，职业资格认证需要通过学习规定的培训课程，掌握相关知识技能，并通过考试，才能获得相应的职业资格和分级认证证书。

在企业资质认证方面，以日本为例，各地对提供介护保险住宅改修和辅具购置与租赁服务的企业实行供应商登录制度，提交申请并符合条件的企业会被收入当地介护保险部门制定的供应商清单当中。参保人申请相关服务时，需要选择清单中收录的企业提供服务，才能使用介护保险支付相关的费用。实行供应商登录制度无论对服务企业、介护保险部门还是老年人家庭都具有积极的意义，收入供应商清单的企业能够获得稳定的客户来源，介护保险部门能够对支付的每一项服务和提供服务的每一家供应商进行有效监管，老年人家庭从介护保险部门收录的清单中选择服务企业也更为放心。

在职业资格认证方面，日本和美国已经形成了较为完善的认证体系。它们的共性特点是，都以社会组织作为认证机构，不设专业学历门槛，需要通过培训学习掌握相关的知识技能，并通过考试获得相应的职业资格。

发达国家的先进经验表明，制定适老化改造的企业资质和职业资格认证制度，有助于提升适老化改造服务的规范性和专业性。目前，我国从事适老化改造服务的企业和人才无论在规模上还是专业性上都远远不能满足巨大的适老化改造服务需求，须尽快建立并完善相关的企业资质和职业资格认证制度，以培养更多的具备专业知识技能的服务团队。

6. 宣传推广和社会力量

（1）宣传推广

发达国家非常重视适老化改造知识理念的宣传推广和普及教育，很多政府机构、企业和社会组织都将其视为自身的社会责任，以展会、宣传册、网页等多种媒介为载体，通过宣讲、漫画、视频等丰富的形式面向社会公众普及适老化改造的基础知识、解读相关的政策制度，使得政府相关机构的工作人员和每一个具有适老化改造需求的老年人家庭都能够非常方便地了解到相关的信息。

发达国家在住宅适老化改造方面特别重视发挥专业化的标准与指南的作用，同时兼顾普适性和针对性。在国外一些市场成熟的地区，除了法律法规上的总体强制标准外，许多非政府组织、改造服务机构、学术机构等也积极地向社会发布设计标准与指南，有效推广、指导了具体的适老化改造工作，并自下而上地影响了国家的政策。“针对老年人经济状况差异化支持”的国家，由于其资金支持方式多元且引入了市场化力量，因此更多地利用非强制性标准与指南，形成了以澳大利亚为代表的“分层级”和以美国为代表的“科普型”推广方式。

“分层级”模式即适老化改造的评价与设计标准分层级设置，基于这一理念，澳大利亚《宜居住房设计导则》（Livable Housing Design Guidelines）于2010年首次发布，并于2017年更新至第四版。该导则设定了三个层级的标准，分别是银级（Silver）、金级（Gold）和铂金级（Platinum），将15类空间设计要素按照对无障碍的重要性从高到低分级，形成了阶梯式的改造清单，以便老年人家庭和设计师做出最具成本效益的决策，即“把钱花在刀刃上”。

“科普型”模式是在认识到当老年人家庭选择自主实施适老化改造时，过于专业和复杂的设计标准会带来很高的学习门槛。《美国退休人员协会宜居改造指南》（AARP HomeFit Guide）便通过科普型的改造指南，图文并茂，以直观的“实景”表达改造的各个要点。在指南的最后还提供了两份整合性的“改造清单（Checklist）”供读者逐条核查，每一条目之前有可以打钩的小方框，便于读者随时记录、勾画。

这种清单化的表达，操作性强，易于各专业人士和普通读者共同协作应用。

美国疾病预防控制中心（CDC）则编制了家庭环境风险自查手册（Check for Safety），通过一些简明的自查项目帮助老人识别生活环境当中存在的安全隐患。

日本定期举办老龄产业展会，面向社会公众开放，这一方法既能够促进相关行业的沟通交流和资源对接，又能起到普及知识和宣传理念的作用。展会上众多企业承担起了适老化改造的推广普及工作，通过编制宣传手册，解读相关政策，讲解基础知识，介绍产品信息。

（2）社会力量

在发达国家的适老化改造实践当中，企业和社会组织发挥了非常重要的推动作用，是传播普及适老化改造政策理念、推动实施适老化改造相关业务的主力军，并且得到了政府和社会的大力支持。

其中，以行业协会为代表的社会组织主要从事制定导则、研发工具、培训认证专业人才、组织行业交流活动等工作，在整合资源、促进行业交流进步等方面发挥了非常重要的作用。而企业则主要提供评估、设计与改造等一系列服务，同时发挥普及教育的功能。

在我国，城市社区适老化改造作为近几年刚刚兴起的新生事物，“群众基础”还较为薄弱。百姓对适老化改造的知识、理念和政策不够了解，对身边的“不适老”问题不够敏感。在这种情况下，百姓对适老化改造的理解和接纳程度会受到一定的限制，适老化改造的潜在需求也难以被充分地激发出来。

相关研究表明，只要能够让老年人及其家庭意识到风险的存在、意识到适老化改造的必要性，就能够有效减少跌倒等事故的发生概率。而进行宣传推广和普及教育是最为简单易行的干预手段之一，尤其是在资金有限的情况下，将有限的资金用于开展宣传推广和普及教育活动，比补贴具体的改造项目更为有效。

在我国人口老龄化的发展进程当中，社会力量势必将会发挥重要作用，如能通过出台配套政策，吸引和调动更多的社会力量参与，将有效分担政府在推动适老化改造方面的压力，实现更好的社会经济效益。

第3章

我国城市社区居家适老化建设与改造的实施方法

3.1 政策机制建议

3.1.1 现状与建设愿景

1. 适老化环境现状

（1）社区空间布局方面

我国特有的城市住区规划布局不同于其他国家小街块低多层建筑街坊住宅，普遍是多、高层高密度集聚的社区空间布局。而我国 20 世纪所建住房多数为各单位自建住宅，主要是解决住的问题，根本谈不上适老化性能的配置。而早期建设的房地产项目由于当时的建设标准较低，适老化环境建设质量与品质也不高，很多小区的住房分属不同产权单位以及不同产权人（甚至出现不同楼栋分属不同单位的现象），历史遗留问题较多。而约有 34.5% 老年人就居住在这些城市中心城区的居住小区里。

（2）土地权属关系方面

我国居民所拥有的房屋所有权是包括房屋的占有权、管理权、享用权、排他权、处分权(包括出售、出租、抵押、赠与、继承)的总和，但不包括土地的所有权，土地归国家所有。所以，这也决定了我国的城市和社区公共空间改造与其他国家的模式方法既有相似之处，也有不同之处。由此带来的问题是社区公共空间、公共设施的适老化环境改造到底由谁来出资，谁来补短板，补欠账。居民普遍认为公共空间的土地所有权是国家的，适老化改造出资与自己无关，即使住宅公共空间设施（如电梯等）也面临很难形成一致意见的现象。

（3）社区社会结构方面

一直伴随着我国社区居民生活的社区（居民委员会）是新中国成立以来一直延续至今的社区社会组织形式，这也是“中国特色”的社区文化体现，居民习惯于有事找“组织”找“社区”，由“组织”出面出钱解决“公共”的问题，特别是老年人对“组织”的心理依赖更强，社区的组织管理结构和社区生活对于老年人来说更加重要。

（4）住房产权类型方面

一是产权归国有企业所有的老公房。其所处区位地段多为市中心核心地段。但套型较小，一般为 60~90m²，房屋性能、设备设施、环境质量和物业管理较差，住房出租较多。留住的原住户也以老年人为主，但周边城市生活配套设施齐全。二是产权集中归国管局或事业单位所有的职工大院。多数原单位职工和老干部还居住于此，道路、绿化和配套服务设施较为完善，但停车设施一般较为紧张。三是分散独立产权的住宅小区。该类住区多为20世纪80年代各单位自主建设的住宅（有的只有一两栋），现在这些单位多数撤并重组，导致这些住宅目前没有物业管理。四是20世纪住房市场化后开放建设的住宅小区，在快速城镇化进程中，该类住区一般只关注基本居住条件的改善，而对于绿色、健康和适老化等功能和性能的提升存在缺失。

（5）代际生活方式方面

随着我国新型城镇化的发展，出现了大量的人口代际迁移，年轻人离开了村镇或小城市走进大城市工作落户，很多老年人随子女来到大城市中帮助照料子孙，或仍然留在中小城市中，有很大一部分老年人会与子女共同生活居住。而我国老年人退休后，绝大多数不会再就业，主要集中在原有社区或去气候适宜的海南和云南等旅游度假地"候鸟式"生活，而这些社区的适老化环境质量和品质绝大多数不尽如人意。

（6）城乡建设品质方面

当前，我国城市郊区的乡村老龄化也十分严峻，60岁及以上人口高达40%~50%，远远超过了市区，适老无障碍环境建设也远远落后于城市，例如某全国示范性老年友好型社区的城市郊区社区，虽然在服务设施建设和孝老敬老人文环境建设等方面达到了示范要求，但在社区环境和设施的适老化性能方面还存在很大的欠缺。城市郊区的适老化环境建设不仅要解决村民的养老、健康和服务设施的配套问题，更需要解决随着我国城乡一体化的发展，乡村旅游作为乡村振兴的重要产业，作为假日旅游和刚退休老年人的打卡目的地，乡村环境和设施的适老化品质提升问题，如乡村的漫步空间、民宿、农家乐、公共卫生间等服务设施的适老化性能。但当前对相关的标准、建设要求、认定方法等机制性建设都还没有进行研究，离落地实施更有很大距离。

2. 适老化环境建设愿景

按照国务院印发的《"十四五"国家老龄事业发展和养老服务体系规划》的相关要求，到2025年，全面提升城市社区居家适老化基本公共服务能力，安全、便利、舒适的老年宜居环境体系基本建立，"住、行、医、养"等环境会更加优化，敬老养老助老社会风尚会更加浓厚。

（1）城市公共环境方面

一是推进城市基础设施适老化建设与改造，包括：科学编制城市适老化环境建设专项规划，合理布局城市适老化空间和设施等。二是推进适老化出行环境建设与改造，构建安全无障碍出行环境，包括：构建城市适老化公共交通设施体系，建设安全舒适的适老慢行交通体系。三是推动城市公共空间的适老化建设与改造，包括：建设与改造满足老年人休闲娱乐需要的城市公共空间，推进城市标志标识系统适老化改造。推动城市建设适老型智能设施系统，包括：建设适老型智能交通设施系统，加快城市慢行步道系统多重获益增效适老化功能模块智能升级改造。

（2）社区居住环境方面

一是推进城市新建和既有住区适老服务设施配套建设全覆盖，补齐社区服务设施短板，包括：推动社区高品质适老服务设施网点规划建设，推动设施功能集约、资源共享的社区综合服务设施建设，加快社区环境智能升级改造。二是推动社区环境适老化建设与改造，包括：社区公园绿地、健身场所、道路广场、停车场地、标识系统等场所的高标准建设和改造。三是推进适老化住房建设与改造，包括：满足老年人多样化居住需求的适老化住房产品体系，持续开展既有住房适老化改造工作。

（3）医疗健康环境方面

一是推进优化老年人就医环境设施建设和改造，包括：提升社区卫生服务中心、社区卫生服务站等设施配套建设全覆盖，应急医疗设施设备的配置，为老年人居家生活提供医疗健康服务保障。二是鼓励和引导建设智慧社区医疗健康服务，包括：提供远程医疗、健康咨询、家庭病床等服务，作为分级诊疗制度的有效支撑和补充，提升老年健康服务科技水平。

（4）生活服务环境方面

一是推进健全社区 15 分钟生活圈（以及 5 分钟步行距离）不同层级的社区适老服务网络，包括：服务资源配置布局，构建适老信息交流环境，大力发展老年教育。二是推进敬老社会文化环境提升，包括：营造老年人社会参与支持环境，弘扬敬老、养老、助老社会风尚，倡导代际和谐社会文化。

3.1.2 体系构建与实施策略

适老化环境建设与改造是以满足全体老年人对宜居环境的需求为核心，从全龄友好型城市社区环境品质提升出发，统筹营造城市、社区和居家的系统性适老化环境。建立社区生活圈多维度、全人群、全要素的城市社区居家适老化改造体系构架，从物理空间、社会空间、信息空间、美学感知、健康感知等多维度，将全体老年人个性与通用需求全要素进行统筹整合。消除一切场所中存在的障碍，是为全体老年人提供的人性化服务，营造高标准、高质量、高品质的适老化环境。

所以，根据我国“十四五”规划和二〇三五年远景目标，需要构建适应我国国情的城市社区居家适老化环境建设“四位一体”的体系构架和实施策略（图 3.1–1）。

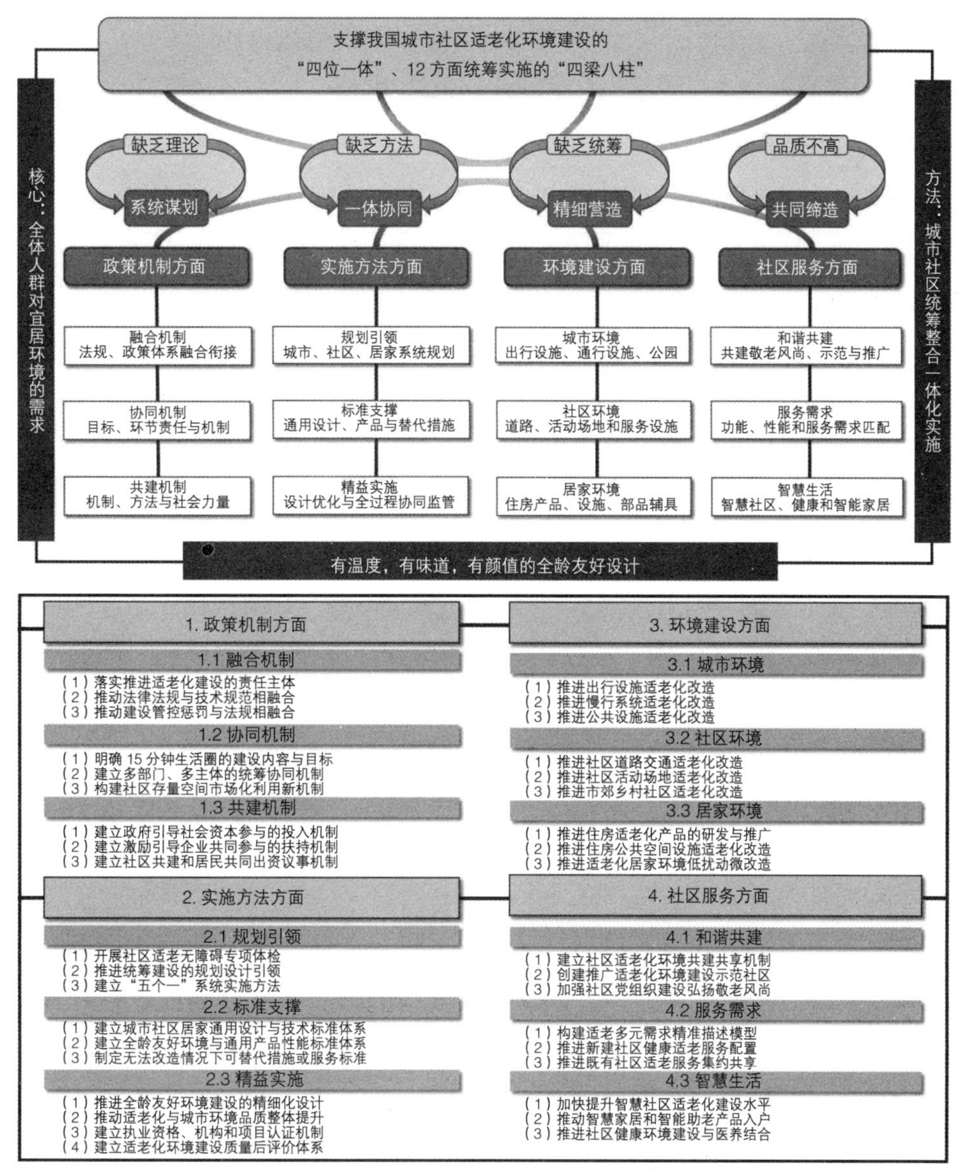

图 3.1–1 我国城市社区居家适老化环境建设体系框架
（图片来源：薛峰绘制）

1. 政策机制方面

（1）融合机制

一是落实推进适老化建设的责任主体。市、县人民政府是推进本行政区域适老化改造工作的责任主体，主要负责人是第一责任人。要建立健全工作责任制，落实牵头部门，明确相关部门和单位分工和责任清单，依法制定实施细则，协调解决实施中出现的困难和问题。

二是推动法律法规与技术规范相融合。赋予技术标准法律效能，形成闭环体系。在无障碍和适老环境建设等方面的法律法规制定、修订中，将城市建设领域技术法规中的关键核心内容和管控机制纳入其中。例如；我国发布的《无障碍环境建设法》就将现行全文强制性国家标准《建筑与市政工程无障碍通用规范》的关键性内容纳入其中。建议《老年人权益保障法》修订时，应与全文强制性国家标准《住宅项目规范》相融合。

三是推动建设管控惩罚与法规相融合。建立从设施配置、过程督导、运行维护全寿命期的闭环管控机制，加强公益诉讼和采信体系建立，形成良好有法可依，依法提升适老化环境建设的良好环境。

（2）协同机制

一是明确 15 分钟生活圈的建设内容与目标。编制街区、社区和居家分类、分级任务和目标清单，统筹资源配置、补齐短板。制定地段区域和项目地块分类指标控制体系，形成适老化设计指引、控制要点和改造内容明细。

二是建立多部门、多主体的统筹协同机制。我国有关适老化环境建设相关工作内容涉及多个管理部门，为避免管理上的“条块分割”现象，应建立由规划与建设管理部门牵头的跨部门联席会议制度、领导小组办公室机制和绿色审批流程通道等多方联动、高效运转的议事协调机制，将城市规划、土地资源、财政扶持、定价补贴、金融支撑、医养保障等机制统筹起来。统筹协调涉及区县委办局、街道、社区，以及市政、交通等主管部门和涉及社区群众意见等各类问题。

三是构建社区存量空间市场化利用新机制。将适老化改造项目与存量土地、闲置资源、公共空间等资源联动，引入新业态，拓宽存量空间的市场化利用方式，激发社会资本参与老旧小区改造的积极性。探讨在缺少相应土地权证的情况下，“地、建分离”的适老配套服务设施补短板方法，以及设施使用权属认定等规定。探讨利用“拆除原址重建”加建（加建不超过 10%）社区居家养老租赁住房等相关机制。

（3）共建机制

一是建立政府引导社会资本参与的投入机制。优化政府财政资金投入机制，充分发挥政府财政资金引导作用，通过资金补贴和政策激励引导，动员社会资本参与适老化改造。

政府切实履行基本公共服务职能，强化在城市公共设施适老化改造中的引导责任，通过政府预算安排财政资金，直接投资于城市公共空间的适老化改造。积极探索政府与社会资本合作（PPP）模式，鼓励国有企业通过“融资平台 + 专业企业”，同时推动国有企业“治理 + 改造 + 运营”一体化实施，推动以“物业 + 养老”的方式，引入社会资本投资改造运营低效空间和存量设施，同步提升适老化设施运营水平和社区物业服务水平。

二是建立激励引导企业共同参与的扶持机制。对参加适老化改造的小型微利企业，落实国家扶持小微企业相关税收优惠政策，给予增值税、企业所得税优惠；对适老化改造项目免征行政事业性收费和政府性基金；对企业用于符合规定条件的支出，准予在企业所得税前扣除；对片区适老化改造项目实行优惠贷款和财政贴息等。

三是建立社区共建和居民共同出资议事机制。适老化改造工程与房屋的价值提升紧密结合，在社区改造中明确“自下而上”的资金和事务管理方法。针对户内空间、楼本体和社区公共空间的适老化设施，使居民放心拿出“钱”来共同提升自己家园的价值，使居民树立起“我维护，我改造、我得利”的观念。应建立激励居民共同出资改造的机制，提升住宅本体价值，共建共享改造成果。

2. 实施方法方面

（1）规划引领

开展社区 15 分钟生活圈适老无障碍专项体检，编制整体改造提升专项规划，通过统筹片区整体资源，进行适老化环境建设“再规划”布局，有效利用各种资源，明确配套服务补短板的改建、加建扩建内容和数量，如通过停车设施改造、片区统筹增设便民适老配套服务设施等增加运营收入，形成总体平衡方案。

一是开展社区适老无障碍专项体检。特别是应用大数据等相关技术，对全人群的行为、需求，空间与功能布局、资源配置、设施维护情况等要素开展高密度网格化现状数据收集与分析，摸清底数。

二是推进统筹建设的规划设计引领。编制与国土空间规划相结合适老化环境建设专项规划，解决总规、控规、街区和地块城市设计中各项建设要求的控制指引，主要内容包括：15 分钟生活圈服务设施资源配置、主要出行流线的无障碍设施、城市公交设施、城市慢行系统、城市与社区的各类活动场所地等。

三是建立“五个一”系统实施方法。构建“五个一”全过程介入实施方法（一书、一图、一表、一体、一人的实施方法）。“一书”指的是片区适老化改造整体实施方案建议书，包括改造内容清单和出资筹资金融方案、存量资源整合利用方案、配套服务设施运行方案、沟通协商方法、政策帮扶利用建议、施工组织方案；“一图”指的是片区适老化改造规划设计；“一表”指的是适老化改造内容基础型、完善型、提升型对标表；“一体”指的是一体化统筹管理流程方法；“一人”指的是适老化改造建筑师负责制。

（2）标准支撑

一是建立城市社区居家通用设计与技术标准体系。建立包括社区周边城市开敞空间、社区公共环境、社区服务设施、住宅公共空间、住宅套内空间等空间场所和信息化服务等系统性标准；建立基于工效学的社区适老化通用设施、辅具产品和服务的系统性标准体系；以及经过评估认定，认为老年人居住的住宅受条件所限无法进行适老化改造，在原片区内置换至适老住宅或公寓的标准。

二是建立全龄友好环境与通用产品性能标准体系。推动住宅长时序适老化功能和性能的提升，制定能够满足居住者在不同年龄段使用要求的高品质长寿命住宅通用性能标准。建立“高质量拿地”承诺机制，形成从“拿地”开始的适老化环境建设社会信用体系，延长住宅寿命。

三是制定无法改造情况下可替代措施或服务标准。针对城市旧区住宅等难以进行适老化改造或改造后无法满足现行标准规定的情况，制定临时设施、辅具、预约服务等替代措施的技术标准，以及智慧家居适老化服务技术与验收标准。

（3）精益实施

一是推进全龄友好环境建设的精细化设计。建立社区责任规划师和建筑师负责制机制，从策划、设计、材料部品选择、细部构造优化的全过程责任机制。加强适老化环境建设中“绣花功夫”的一体化、精细化、人文化专业设计水平。倡导专家下社区，“小设施、大师干”的全程“陪伴式”服务，形成“花小钱办大事，处处有设计”的社区改造场景。实现“有温度，有味道，有颜值”的高品质建设。

二是推动适老化与城市环境品质整体提升。建立将适老化功能性能、景观、市政、社区文化、配套服务、无障碍设施、信息化设施，以及共性与个性需求等多元要素耦合统筹的实施方法。制定详细的措施要求，全过程精益管控流程和方法。

三是建立执业资格、机构和项目认证机制。建立完善适老无障碍设计和咨询执业资格认证制度，大力开展专业技能培训，培养更多的具备专业知识技能的服务团队。建立第三方非营利机构专业服务咨询机制，提供全过程管控的系统化、精细化专业咨询服务。

四是建立适老化环境建设质量后评价体系。建立安全便捷、健康舒适、智慧包容等多元多维的适老化环境建设评价体系，定期开展社区环境适老无障碍风险评估。建立勘察设计单位及项目负责人设计质量信用评价方法，健全完善事后抽查工作程序（信用评价实行计分制）。

3. 环境建设方面

（1）城市环境

一是推进出行设施适老化改造。构建老年人公交安全出行网络，合理规划公共交通运营线路、车次、站点；加强公交场站、地铁站等公共交通设施适老化、智能化建设与改造，改善候车环境，推进智能网联公交、网约车等城市出行服务一体化协同建设；对交通枢纽功能布局进行优化，提升设施配置适老化水平，推动同站无障碍便捷换乘。

二是推进慢行系统适老化改造。构建多层次的城市慢行交通体系，满足老年人以步行、自行车和电动车等方式为主的出行方式，提升老年人出行主动性；加强城市道路步行系统适老化建设与改造，对道路的交叉口、过街天桥、地下通道等节点进行适老化改造，提升步行空间的舒适度；对医院、高密度居住社区和商业街区的上落客区进行适老化改造。

三是推进公共设施适老化改造。合理配置和优化符合老年人需求的公共卫生间、休息设施、紧急医疗、应急服务等设施；建设公共空间社会交往、休闲娱乐、体育健身等适老化功能；开展散步道、广场和公园内硬化地面平整防滑改造；推进城市标志标识系统适老化改造，提倡设置与视觉标识配合使用的听觉标识和触觉标识。

（2）社区环境

一是推进社区道路交通适老化改造。营造步行道路的无障碍环境、整治停车环境、实现小区道路的安全分流；满足急救车辆通达住宅单元出入口的要求；停车场建设与改造还应充分考虑包括非机动车在内的老年人常用代步工具的停车需求。

二是推进社区活动场地适老化改造。营造社区公园、绿地、活动场地等场所的无障碍环境；改造加装符合全龄友好需求的健身器械和林荫休息设施。推进街区全民健身中心或多功能运动场地建设，鼓励街区内学校、行政机关、企事业单位等附属的活动场地与周边居民共享。

三是推进市郊乡村社区适老化改造。提升城市郊区乡村社区的漫步空间、民宿、农家乐、公共卫生间等服务设施的适老化性能，使其作为假日旅游和刚退休老年人的打卡目的地。

（3）居家环境

一是推动住房适老化产品的研发与推广。按照老年人行为能力及需求，建设符合老年人动态需求变化类型丰富的住房产品体系。结合老年人身体机能、行动特点、心理特征、家庭结构和经济水平优化户型设计，开发一代居、两代居、多代居等适老化住房和养老公寓等租赁住房产品。

二是推进住房公共空间设施适老化改造。针对老旧住宅出入口、上下楼困难等问题，推进电梯、无障碍升降机加建，栏杆扶手、台阶坡道改造，可移动坡道、爬楼机配置等服务保障。

三是推进适老化居家环境低扰动微改造。采用“一户一案”的服务设计方法，开展适合老年人生活习性的微改造，包括调整现有家具和物品摆放位置、物理空间改造、配置适老化辅具产品、配置智能化设施；加快适老化住房的家具、部品、设施、设备及辅具等产品设计、研发与应用，充分利用信息化、智能化技术，不断满足老年人在生活照料、健康护理、文化娱乐、健身活动等方面的多样化、差异化和动态化的需求。

4. 社区服务方面

（1）和谐共建

一是建立社区适老化环境共建共享机制。结合老年人服务需求，推进社区适老化环境居民定期自查机制。建立可量化、可实施的适老化环境维护具体事项清单和目标，每年对社区适老化环境和服务匹配进行定期自查，向社区和街道提出改进建议，共同维护和建设自己的家园。

二是创建推广适老化环境建设示范社区。结合创建全国无障碍建设示范城市（县）、全国示范性老年友好型社区创建等工作，开展示范项目的创建与推广。定期组织向社会征集和发布城市、社区和居家适老化改造的典型案例，引导各地“按图索骥”。

三是加强社区党组织建设弘扬敬老风尚。充分发挥基层党组织在社区治理体系建设中的领导作用、凝聚力和向心力，统筹协调社区居委会、业委会和物业服务公司等，形成党员带头、退休干部参与，带动身边居民宣传共建的工作方式。形成“党员议事厅”机制。营造老年人社会参与支持环境，弘扬敬老、养老、助老社会风尚，倡导代际和谐社会文化。

（2）服务需求

一是构建适老多元需求精准描述模型。通过科学系统的数据采集和调研分析，勾勒老年人多元需求用户画像和描述模型，按不同生活圈（5分钟、15分钟生活圈）建立老年人需求清单和数据库，针对老年人视觉、听觉、触觉、痛觉、认知的5种功能衰退，以及涉及老年人生活的道路交通、活动场地、衔接空间、服务设施的4种生活场景，提出适老化服务需求任务书，为社区服务提升提供精准施策依据。

二是推进新建社区健康适老服务配置。科学合理地规划社区多类型适老服务设施的选址和规模，满足不同年龄段老年人健身运动、健康服务和文娱活动的适老服务配置，对社区配套服务设施进行跨社区的资源整合、统筹利用。

三是推进既有社区适老服务集约共享。推进老旧社区补齐适老服务设施短板，通过补建、购置、置换、租赁和改造等方式，大力提升社区老年人多元化需求的供给水平；推动设施功能集约、资源共享，推广社区适老化综合服务设施建设模式，推广小规模、多功能的社区适老服务设施建设。

（3）智慧生活

一是加快提升智慧社区适老化建设水平。利用5G、互联网、物联网、大数据、云计算等新一代信息技术的集成应用，结合社区智慧机房建设、家庭养老床位设置、智能设施和器具的配置，为居民社区居家养老提供线上、线下联动的网络就医、网购配送、事务办理、健康档案、人工智能诊断、娱乐健身等信息化服务。

二是推动智慧家居和智能助老产品入户。推动老年生活的安全、便捷和舒适性环境提升，推广燃气泄漏、一氧化碳浓度报警等自动感知安全设施；推动适合于老年人舒适家居环境的智能产品应用。

三是推进社区健康环境建设与医养结合。建立社区健康管理信息化服务系统，包括人员生命体征及行为监测设施、健康风险预警设施、慢病干预设施和主动人居环境监测设施等。建立老年人家庭病床信息化服务系统，与社区医院搭建可实施救护和治疗的平台，设置老年人居家健康安全监控装置和家庭病床的信息化服务等功能。

3.1.3 资金筹措与税收政策

城市社区居家适老化改造资金应由居民、市场、政府等多方共同筹措，解决资金筹集，基金、保险金等协同使用问题是关键。要充分发挥市场机制的基础性作用，通过财政投资、补贴、贴息和政府购买服务等多种形式，积极引导和鼓励企业、社会组织及其他社会力量加大投入，参与适老化改造、运行和管理。政府切实履行基本公共服务职能，强化在适老化改造中的引导责任，要通过资金补贴和政策激励引导，动员社会资本的参与。

1. 优化政府财政资金投入机制，充分发挥政府引导作用

适老化改造是一项惠民工程，公共性比较强，因此需要政府提供财政资金支持，而且政府层面的资金投入可以引导和带动其他社会资本投资。

一是通过政府预算安排财政资金，直接用于适老化改造。如对道路无障碍设施、社区老年人日间照料中心、老年人活动中心等，政府可直接投资建设，建成后委托相应的机构或民间组织进行运营管理，实行“公建民营”。

政府购买适老化改造服务所需资金，可根据政府拟购买适老化改造服务年度规模，在科学测算拟购买项目成本后，将政府购买的适老化改造服务年度资金需求编入部门预算，制定详细的政府购买服务项目实施方案。通过一般公共预算和政府性基金预算统筹安排，纳入年度部门预算和财政专项资金预算统一管理。同时，建立健全由购买主体、服务对象及专业机构组成的综合性评价机制，实行第三方评价，评价结果及时向社会公布，接受社会各界的监督。

二是对不同类型的适老化改造采取适当的分类财政补贴。如加建电梯、单元入

口坡道等，可对其建安费用实施一定比例的补贴，具体补贴比例和最高限额的设定，可由各地政府根据自身的经济发展水平、财政负担能力以及电梯间建安费用情况等而设定。

对居家适老化改造要区分保障性和普惠性措施，可考虑对居家适老化改造所产生的费用按不同年龄段和身体健康状况给予一定比例的财政补贴，对于低保等特困群体，可实施全额补贴，调动参与居家适老化改造的积极性。而对“公建民营”的社区老年人日间照料中心、老年人活动中心等，政府可视其具体运营情况，给予一定的运营补贴，特别是运营出现亏损时，通过补贴保障其正常运转。

三是子女支持父母适老化改造的费用可纳入个人所得税抵扣范围。明确老年人随子女长期非户籍异地居住情况下，可由子女在其长期居住地申请居家养老适老化改造，享受当地的适老化改造补贴，允许居民提取住房公积金和房屋维修基金用于为父母居家适老化改造，子女支持父母用于适老化改造的费用可纳入其个人所得税抵扣范围。

四是建立城市、社区和居家的适老化改造基金，实行“以奖代补”。依据各地经济社会发展水平、财力状况、老龄人口规模和适老化改造项目类型等，由当地政府确定“以奖代补”的项目范围、内容和具体标准，改造基金可从土地出让金收入、房地产税、城市维护建设税、福利彩票公益金、城镇公用事业附加、城市基础设施配套费等中划拨，也可以通过发行专项建设债券来筹集。

五是对致力于适老化改造的企业实行优惠贷款和财政贴息。对参与城市公共空间无障碍改造，加建电梯、居家适老化产品与安装、社区老年人日间照料中心、老年人活动中心的施工企业和提供相关产品的企业，可以通过政策性银行在贷款总量、贷款利率以及贷款偿还上提供优惠，并对其贷款给予一定的财政贴息，让企业有动力去投资适老化改造项目。

2. 完善税费减免优惠政策，激励社会资本参与适老化改造

对参与适老化的设计咨询单位、施工企业和提供相关产品企业可减少企业的相关税费，进一步减轻企业税费负担和交易成本。

一是落实相关参与企业的税收减免政策。如对非营利性社区老年人日间照料中心、老年人活动中心等房产、土地免征房产税、城镇土地使用税、耕地占用税；对其取得的收入免征企业所得税；对参与适老化改造的小型微利企业，落实国家扶持

小微企业相关税收优惠政策，给予增值税、企业所得税优惠。

二是免征行政事业性收费和政府性基金。如对适老化改造项目免征有关行政事业性收费或减半征收；对参与适老化改造企业免收城市基础设施配套费、教育附加费等政府性基金。

三是对符合规定条件的支出准予企业所得税前扣除。如对企事业单位、社会团体通过公益性社会团体或者县级以上人民政府及其部门，对企业用于适老化改造的捐赠等符合规定条件的支出准予在企业所得税前扣除。此外，还可以通过税前还贷、加速折旧等措施对参与改造的相关企业设备更新换代给予相应的支持。

3. 激励社会资本和居民共同出资，探索改造共建新模式

一是积极探索政府与社会资本合作（PPP）模式。鼓励国有企业通过“融资平台 + 专业企业”，采用街道片区的一体化统筹改造模式，统筹社会资本参与、存量资源利用、规模化改造、专业化运营、规范化物业，调动各方专业力量和社会资本统筹实施改造建设。同时推动国有企业“治理 + 改造 + 运营”一体化实施，推动以“物业 +”的方式，引入社会资本投资改造运营低效空间和存量设施，同步提升运营水平和物业服务水平。通过长时序的服务运营来平衡资金投入。如过街天桥加建电梯、地下通道加建无障碍坡道、公交车站等适老化改造等可通过植入运营服务项目（如城市广告、信息化导航等收费运营项目）进行资金平衡。

二是结合原址拆建改造增建养老租赁住房等设施。统筹利用片区资源，进行总量控制，增建养老租赁住宅，补充社区配套短板，并制定老年公寓（养老租赁住房）配建政策，鼓励居民出资购买服务。

三是建立适老化改造知识宣传推广和普及机制。要让老年人及其家庭意识到风险的存在、意识到适老化改造的必要性，从而有效地减少跌倒等事故的发生概率。以展会、论坛、手册和网页等多种媒介为载体，通过宣讲、漫画、视频、创意设计等丰富多样的宣传形式向社会公众普及适老化改造的基础知识、解读相关的政策制度，使得每一个具有适老化改造需求的老年人家庭都能够非常方便地了解到相关信息，激发适老化改造的潜在市场需求。

3.2　实施方法建议

3.2.1　对规划设计与创新引领的建议

1. 推进城市适老无障碍环境建设专项体检

应用信息化和大数据等相关技术，针对老年人、残疾人、儿童的行为需求，设施布局与环境现状、设施维护情况等开展数据收集与分析。同时，将无障碍专项体检数据录入 CIM 平台。摸清城市社区适老化需求、环境和设施建设底数，提高资金使用的精准有效性。

一是建立城市公共空间适老无障碍环境建设体检评估方法。解决设施是否“有”，是否“达标”的问题，建立设施达标率、设施覆盖率两项体检评估指标。建立执行部门自评估和第三方综合评估相结合的评估机制。建立实时监测机制，搭建我国城市公共空间、公共建筑、社区等无障碍设施建设情况基础信息平台，分区、分类、分项对标准指标执行情况进行监测。定期对社会公布评估情况，将体检评估结果作为各城市体检评估的一部分和制定行动方案的基础。

二是建立社区无障碍环境排查和专业机构审核机制。我国无障碍环境建设中政府主导发挥着重要作用，但政府多数只能是从“面”上推进，要想把“线和点”做好就要借助基层和专业人员的力量。

可结合我国社区特有的社会结构，建立以社区老年人为主，由社区组织的适老无障碍设施建设排查和监督社团组织。可作为第三方机构（而不是义务监督员队伍），按照网格化管理要求对社区现有的适老无障碍设施进行摸排，摸清底数。

由专业的咨询机构来审核排查出的问题，并因地制宜提出具体整改方案和专项预算，街巷道路等公共空间提交街道办事处安排年度整改计划，建筑设施由区残联依法责成相关使用单位进行整改，将整改计划公示，由社区社团组织进行计划监督，由提出整改方案的专业咨询机构负责施工验收。

2. 推进城市无障碍规划和城市设计落地实施

无障碍城市规划和城市设计编制是解决我国适老化建设“断点”问题的重要措施，是亟待解决的问题。根据《中华人民共和国无障碍环境建设法》“县级以上人民政府应当根据实际情况，制定有针对性的无障碍设施改造计划并组织实施。”

针对城市规划和城市设计方面所暴露出的问题，建议从以下几个方面开展相关工作。

（1）城市规划

开展无障碍规划（国土空间规划专篇）编制研究。解决无障碍环境建设各项要求如何在各层级规划中体现的问题，主要内容包括：城市总体规划、街区控制性详细规划等各级规划中适老无障碍相关内容，明确分区、分级和分类相关控制指标的编制内容和成果构成。明确新建城区、新建小区和建筑，以及城市旧区和社区改造的适老化环境建设基础类和提升类指标达标控制要求。如：以完整社区 5 分钟步行距离范围内，适老化环境建设内容项的基础类和提升类指标为基础，基础类指标是必须全部满足的控制项要求，提升类指标是以完成内容项累加分值大于等于全部内容项累加分值的 80% 为控制要求。

（2）城市设计

建立与残联、老龄委、妇联等有关组织共商联动的长效机制，研究编制以行为需求为导向的分类、分级、分期目标任务清单。

一是研究制定地段区域和项目地块分类指标控制体系，形成城市设计适老无障碍设计指引、控制要点以及导则、指南等技术文件。例如，日本发明了盲道，但我们并没有看到日本满大街都建设行进盲道，而仅在人流密集场所如交通枢纽等区域，做了非常周密的行进盲道和提示盲道系统设计。

二是研究制定城市公共空间全龄友好整合设计方法和“一案一策”的专项技术导则。城市街区的适老化改造环境千差万别，应制定详细的街区、地块、项目级“一案一策”的专项技术导则（措施），开展分区、分块、分项因地制宜的专项城市设计，通过“设计引导”统筹实现人性化的全龄友好城市设计，才能使标准真正做到深化、细化地落地，从而使标准有了精细化落地的“抓手”。同时，还要研究街区改造建设全过程高精益度设计控制管理的具体流程和方法。例如北京的环球影城和上海的迪士尼乐园全龄友好环境的营造，就是通过制定详细的项目级“技术标准”（技术规范，Technical Specification），将适老适童的设计和建造细节精细落地实施。

（3）社区环境设计

社区户外适老环境设计应从人与环境的互动关系出发，将老年人的心理行为特点与文化背景作为基本的研究背景。因此，在社区环境的设计中，对于视觉艺术表达和社会环境要求应给予高度的关注；不仅从物理环境出发，还从精神环境层面做出考量，为人们带来愉悦、舒适、可亲可近、寄托心灵的人性化场所。

3. 推进城市适老无障碍环境数字监管信息化技术创新

建议结合我国数字孪生城市和新型城市基础设施建设技术发展，突破适老无障碍环境建设的核心技术，形成我国自主研发科技创新。发展我国自主创新的城市适老无障碍环境信息化技术已具备了以下较好的基础条件：数字城市地理信息系统基础较好，单体建筑的精细化数字建模达到较高水平，数字化实时监控技术趋于成熟，数字城市产品结合城乡规划、城市设施、建筑管理的需要已有了较为深入的研究和应用。所以，建议从以下几个方面开展相关工作。

（1）研究构建适老无障碍设施城市体检评估和数字监管地图模型

用信息化手段摸清底数，预防老年人跌倒、造成失能，提升建设管理执行能力。一是探索构建城市无障碍设施建成情况网格化数字体检评估模型和平台建设。结合我国三维地籍数字地图建设，添加设施点位，构建我国主要城市无障碍设施数字体检评估地图，摸清我国主要城市无障碍环境设施建设的情况底数，当前在国际上这方面的研究尚属空白。二是建立适老无障碍设施摸底信息化考量评估工具技术集成方案。利用人工智能“图像比对”技术，辅助排查无障碍设施，进行大数据统计评估。

（2）研究构建城市公共空间全龄友好型无障碍接驳路线导航体系

一是研究构建我国主要出行无障碍接驳路线数字地图构架，利用人工智能、大数据与5G技术构建我国无障碍出行接驳数字地图，补齐无障碍信息化建设短板。二是研究构建“数字盲道（数字感知导航）”核心技术，实现领跑的跨越。目前只强调物化的盲道系统建设，会使无障碍出行一直成为难点问题而无法真正得以解决，这已形成了问题的瓶颈。而研究基于数字孪生技术的“主动导盲”关键技术，建立设施监测和服务跟踪大数据平台，既突破性地解决了瓶颈问题，也可为我国信息数字产业提供了更加宽广的市场需求，该领域在国际上还处于研究空白，将会改变未来城市面貌，并改变城市信息服务模式。

4. 推进适老化精准服务和健康环境质量控制技术创新

按老年人群生活的不同需求，可按时间轴划分为四类：60~70岁健康活力（劳动能力），70~75岁自我照顾，75~80岁关心照护，80岁以上协助照料。当前，适老化精准服务与健康环境控制仍还存在诸多问题，如：性能标准不明确，技术要求不系统，对应不同年龄段老年人的分类重点措施不明确等问题。

应开展少以用户体验和需求满意度为基础，符合适老化工效学技术要求的服务配置、质量控制和测评技术研究，解决城市更新中适老化转型所面临的精细化、人性化社区服务难题，建议从以下几个方面开展相关工作。

（1）构建多目标多维度适老化需求和服务满意度评价技术体系

一是采用数字感知技术，提取提炼老年人、残疾人分类人群的视听触多元需求，构建多维度（社交属性、自我实现意识、健康水平）、多类型人群、多元需求用户画像。二是提出基于服务用户体验地图和卡诺（KANO）模型，针对老年人服务场景的多维满意度智能评价技术。

（2）建立分级分类社区服务设计和健康环境质量控制技术体系

一是 15 分钟生活圈多层级社区服务需求提取技术、适老服务资源配置和服务质量控制标准。研究基于三维影像图形快速对比评价技术和数据库。二是制定老年人健康居住环境质量控制标准，研究基于工效学的居住环境、无障碍出行、社区服务、信息化服务等方面的通用设施适老化性能认证规范。如：针对老年人住房的生活起居环境、紧急救助、设备设施，社区公共环境，社区出行环境等性能认定标准。

3.2.2 对改造全过程精益管控的建议

1. 明确改造内容范围

社区居家适老化改造内容和范围包括：户外公共空间适老化改造、家庭户内适老化改造、居家适老信息化改造和辅具装置安装三大类内容。

一是户外公共空间适老化改造，包括：楼梯间适老化改造、加建电梯、单元和社区服务设施出入口适老化改造、小区室外道路和活动场地适老化改造等。

二是家庭户内适老化改造，包括：在入户过渡空间安装助力扶手和坐凳，在厕所和洗澡间安装安全扶手和助浴椅，坐便器改造，消除门槛或门体洞口加宽，地面防滑处理，消除或减缓高差处理，照明设备改造，居家适老辅具装置安装等。

三是居家适老信息化改造和辅具装置安装，包括：加装信息求助设备（GPS 安全监护手机），厨房天然气烟感探测报警器，厨房燃气泄漏自熄灶具，建立居家养老服务平台（提供紧急救助、生活帮助、主动关怀）等。

2. 合理区分改造类型，确定改造重点

根据老年人安全需要和基本生活需求、改善型生活需求和提升居民生活品质的需求，社区居家适老化改造内容可区分为基础类、提升类两种不同的改造类型，各地应立足当地实际，制定相应的改造内容清单及具体改造标准，明确改造重点。

一是纳入基础类的，应为满足老年人安全需要和基本生活需求的改造内容。包括：单元和社区服务设施出入口适老化改造，入户过渡空间安装助力扶手和坐凳，厕所和洗澡间安装安全扶手和助浴椅，坐便器改造，消除门槛，地面防滑处理，消除或减缓高差处理，老年人家庭加装信息求助设备（GPS安全监护手机），厨房燃气泄漏自熄灶具，加装厨房天然气烟感探测报警器等。

二是纳入提升类的，应为满足老年人改善型生活需求、生活便利性需求、提升居民生活品质的适老化改造内容。包括：小区室外道路和活动场地适老化改造，楼梯间适老化改造（包括照明设备改造）、加建电梯，门体洞口加宽，居家适老辅具装置安装，居家养老运营服务平台建设等。

3. 落实分类改造出资责任

社区居家适老化改造资金应按照“居民拿一点、政府补一点、市场筹一点”原则，由居民、市场、政府等多方共同筹措。

一是纳入基础类改造部分的，单元出入口处无障碍坡道及扶手、小区室外道路和活动场地适老化改造，涉及公共安全的厨房感烟火灾探测报警器等，需政府出资购买服务；其他纳入基础类的改造内容（如：入户过渡空间安装助力扶手和坐凳，厕所和洗澡间安装安全扶手和助浴椅，坐便器改造），采取政府补贴的方式，根据各地区民政局确定的补贴对象和补贴金额，对所有纳入特困供养、建档立卡范围的高龄、失能、残疾老年人家庭实施适老化改造全额补贴；对不符合各地区民政局确定的全额补贴对象，应根据各地区不同情况制定老年人不同年龄段和身体健康状况的补贴比例和个人出资比例。老年人家庭加装信息求助设备（GPS安全监护手机）、地面防滑处理、消除或减缓高差处理等应由居民个人出资。

二是纳入提升类改造部分的，社区服务设施出入口适老化改造应由政府提供政策支持，由设施运营单位出资。楼梯间适老化改造（包括照明设备改造）、加建电梯、老年人居家养老运营服务平台建设，需要由政府提供财政和政策资金支持，引导和

带动社会资本和居民个人投资。厨房燃气泄漏自熄灶具、居家适老辅具装置安装、门体洞口加宽等则应由居民个人出资。

4. 构建整体统筹改造新方法

全龄友好适老化环境建设全过程统筹实施方法应从“抓源头、抓过程、抓验收”三步实施流程展开工作。首先从源头出发，分为“明确清单、协同工作和源头组织”三个阶段，其中源头组织阶段主要从精准摸底、规划设计、沟通协调以及专家评审4步骤开展实施工作；其次在实施过程中对工作进行过程管控，该阶段主要从“技术把关、细化优化、跟踪评估和共治共建”4步骤开展管控工作；最后形成共建共享的验收方法，主要从“工程验收、居民体验、交流研讨和推广传播”4步骤开展实施工作。全过程整体统筹实施方法共计5大阶段和12步骤，倡导规划师和建筑师“由物质空间设计转变为以人为中心的设计”，走出图纸，走进社区、走进群众生活，开展生活场景营造的全过程参与，搭建回应老年人、残疾人、儿童等所有群众实际需求，城市品质提升与人民对美好生活向往的沟通桥梁。

以2021年北京市在中心城区改造完成的8个试点项目为例，社区老年人口占比均超过了40%，聚焦群众身边需求和改造意愿强烈的边角地、畸零地、废弃地、垃圾丢弃堆放地、裸露荒地等消极空间近2.69万m^2。项目改造注重“一老一小”，将全龄友好的适老化改造与社区配套设施、景观环境、无障碍设施、公共艺术、城市家具等进行一体化改造。据不完全统计，8个示范改造项目共使4700余户、13700余人直接受益，更辐射周边楼房、平房达21000余户，惠及相关社区60000余人。通过改造使社区整体环境品质得到提升，激发了社区居民热爱社区、主动参与建设社区的热忱和愿望。改造后物业签约率由20%提高到90%，社区引入较好品质的物业，很多居民表示愿意承担与所享受的品质服务相对应的相关费用。

5. 开展执业资格和项目认证

（1）开展执业资格和咨询机构认证

美国、日本等发达国家的适老无障碍环境专项设计是由获得执业资格认证的建筑师主持，其合规认证也主要是通过具有认证资格的专业咨询机构和专业人士来完成，通过事前、事中和事后的合规专业咨询服务得以保证。

当前，我国各地市正在逐渐建立严格的无障碍专项事后抽查和设计质量信用管理办法（如北京市），但这只是“有标准必依”的全文强条标准执行的管控手段，要想规划师和建筑师把“活干细”，就应建立执业资格和专业咨询机构的认证制度，让更专业的人干更专业的事。

（2）开展适老无障碍建设项目认证

当前，我国缺少城市和社区公共空间和公共设施改造完成后的认证标准、认证方法，政府无法形成可量化督导的考核指标。2022 年国家市场监管总局、中国残联印发了《无障碍环境认证实施方案》（国市监认证发〔2022〕94 号），依据于此，应提出可量化考核的新建项目和改造项目适老化环境建设认证考核指标和要求，有利于督导和监管的实施落地。

6. 建设儿童友好型社区建议

（1）建立关爱儿童成长的公共服务体系

为儿童友好空间建设提供设施保障，需建立多层级覆盖、功能完善、便捷可达的城市儿童公共服务设施体系。通过统筹各级各类公共服务设施资源，进行复合利用，依托街区内的中小校、美术馆、博物馆、剧场等公共服务设施，以及行政机关、企事业单位和科研机构等场所资源，协同社会多元力量，鼓励儿童服务设施与其他公共服务设施相邻或联合设置、推进公共服务设施适儿化改造、推进文体设施向儿童低收费或免费开放。以儿童综合服务设施为主体，其他公共服务设施为补充，拓展可持续发展的儿童校外活动场所。

（2）建设可共享的友好型城市公共空间

开展城市社区公园、口袋公园、城市广场等开敞空间的建设和适儿化改造。在空间建设方面，宜充分利用社区内的游园、口袋公园、多功能运动场地等，增设儿童游乐场地，并配置游憩设施。利用社区闲置空间营造儿童“微空间”，为儿童活动提供美育和自然教育场所。鼓励街区内学校、行政机关、企事业单位等附属的活动场地与周边居民和儿童共享。在适儿化改造方面，宜推进城市绿道适儿化改造与安全防护设施的建设和改造。社区应急避难场所内宜设置适宜儿童活动的专区，配备儿童适用的生活物资和防护物资。并在儿童使用频率较高的公共服务设施和公共空间配置便于儿童及看护人识别的标识系统，以满足导向和警示需求。

（3）建设适宜儿童安全畅行的街巷环境

首先，应加强街巷道路的无障碍环境建设，打造儿童友好学径网络，串接住宅、中小学及各类配套服务设施、儿童活动场地和校外活动场所等，形成安全、连续、舒适的街区慢行系统。并根据实际情况在有条件的街区设置分时段游乐街巷，为儿童提供更多可安全玩耍的街巷活动场地。

第4章

城市

社区

居家适老化

改造

技术要求

4.1 基本规定

1. 开展街区社区居家的系统性改造

城市社区居家适老化改造指的是采用物理空间改造、增补设施、辅具适配和信息化服务等方式，对既有社区公共环境、服务设施、住宅以及社区周边城市开敞空间进行整体系统的适老化改造，增强老年人在城市社区居家生活的安全性、便利性和舒适性。

以“全龄友好”为改造设计理念，既满足各阶段不同身体健康状况的老年人生活需求，又满足所有人的人性化、精细化生活需求。只有让老年人融入城市生活和社会环境之中，才能使老年人的生活更加健康，富有情趣。

因此，住房及周围的社区和城市环境要能够满足老年人对物质环境和精神文化的需求，不仅需要对社区的物理空间环境进行改造，更需要有高质量的社区服务网络和保障体系。

2. 制定片区统筹适老化改造实施方案

我国目前的养老模式是以社区和家庭养老为主，机构养老为辅。根据调研的结果显示，对于生活在社区中的老年人而言，其晚年生活要“有事可做”，要“走得出去”，要“充满活力”，而不是仅仅待在小区里或家中。所以，应避免城市、社区和居家适老化环境的割裂，适老化改造不能仅仅停留于居家，更应该拓展到社区和社区周边城市开敞空间，对步行 15 分钟生活圈进行安全、便利和舒适等方面的适老化系统性改造。

基于上述要求，并结合现行国家标准《城市居住区规划设计标准》GB 50180，以及住房和城乡建设部印发的《完整居住社区建设指南》中的有关要求，城市社区适老化更新改造规划宜覆盖居民步行时间 15 分钟生活圈范围，社区适老化整体改造实施方案宜以居民步行时间 5 分钟、步行距离 300~500m、居住人口 5000~12000 人的区域为基本规模（图 4.1–1）。

3. 开展多元要素耦合的整体评估与策划

社区中老年人的年龄段、健康状况、生活习惯、文化程度、收入水平以及家庭构成等均不同，对居住环境存在通用与个性需求的差异，只有将这两种需求统筹协

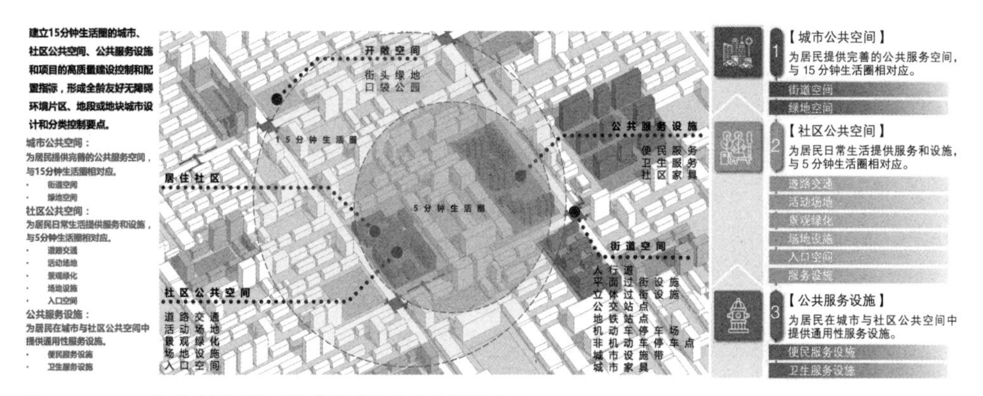

图 4.1-1　15 分钟生活圈片区统筹适老化改造范围和内容
（图片来源：凌苏扬、刘霁娇、李赫绘制）

调好，才能真正做到适老。因此，在改造中应根据社区及周边现状、老年人的生理、心理和行为的特征，老年人生活需求和改造意愿，以及共同居住人的意见，从物理空间改造、设施改造、辅具和设备适配、信息化服务，以及优先解决急需等方面，提出切实可行的整体改造方案。

其中，城市社区公共空间环境以通用需求的改造为主，居家环境以“量身定制”的改造为主。所以，要综合考虑社区现状情况、老年人身体情况、各空间改造项目需求、投资预期和使用维护等因素，避免造成不适用的资源浪费。同时，为避免城市社区居家的公共环境、服务设施、住宅公共空间与套内空间、信息化服务等改造内容之间，以及空间和设施改造与社区服务和文化生活之间的割裂，应统筹策划和规划各类改造内容，以及适合老年人需求的服务产业，社区帮扶、精神文化活动等内容，提出多主体协同的实施方法。基于上述要求，在调研分析和现状评估阶段应关注以下两点：

一是以日常生活安全为首要原则。对社区周边城市开敞空间、社区的场地、环境、住宅公共空间、套内空间、设施设备等方面的安全隐患和安全措施进行摸排、评估，形成问题清单，供方案编制中提出相应的技术措施和实施建议，确保老年人日常生活的安全。

二是尊重通用需求和个性化差异。统筹考虑包括老年人在内的全体人群的日常生活需求、生活习惯和便利性等要素，利用访谈、问卷、人群分布热力图等大数据分析，建立精细化的需求台账，以此为基础明确重点工作内容。

需要注意的是，适老化改造不仅仅是无障碍设计，不能简单套用标准，应根据使用者的实际情况，采用“低影响、低成本，融合适配”的方式满足使用者需求，例如通过家具调整、物品收纳和扩大活动空间等方式，并选择适宜的康复辅具代偿其功能的缺失或障碍，提高老年人生活的舒适性。

4. 建立全过程全专业分类改造管理方法

城市社区居家适老化改造应满足“安全性、便利性、舒适性、适宜性”，以及“有温度、有味道、有颜值”（即“四性三有”）的要求，需要全过程、全专业的协同和精细化管理。

一般来说，改造内容一般分为工程类和服务类，社区公共环境、社区服务设施和住宅公共空间等适老化改造为工程类改造，住宅套内设施和信息化等适老化改造为服务类改造。

工程类适老化改造应重视保留改造评估与策划、设计、施工以及竣工验收等过程信息和资料，为后期有针对性地维护、运营管理提供支持，实现环境、设施的长效管理和动态更新；服务类适老化改造应结合社区管理平台，录入改造全过程资料信息、老年人个人信息和设施辅具信息等，便于及时维护更新、为老年人提供长效的生活服务。

5. 建立改造受限的置换机制和替代措施

适老化改造的对象往往是老旧小区或老旧住宅，因各种历史和客观原因，常存在改造受限甚至无法改造的情况，这就需要根据老年人需求和当地具体情况，建立相应的置换和替代服务机制和措施，倡导相关部门加大推动社区适老公寓的配套建设。

当老年人居住的住宅受条件所限（如主体结构等因素）无法进行适老化改造，且老年人身体状况及居住环境状况无法满足居家养老基本生活要求时，可通过建立相关置换机制，由社区统筹协调，在原片区内置换至适老住宅或公寓。

社区老年公寓是社区居家养老重要的配套设施，但当前由于缺少相关的政策机制、缺少相应的建设用地等原因仍很难实施。利用危房或不成套住房的原址拆除重建等建设机会，植入老年公寓，可能是解决难题的方法之一。

此外，当受实际条件所限，导致出入口无障碍设施改造无法满足现行标准规定时，可采用可替代措施进行改造，并设置求助服务电话标识。城市社区中很多既有住宅和公共服务设施出入口、一层与单元入口之间台阶等高差受条件所限无法加设坡道，可采用临时设施、可移动辅具、预约服务等替代措施进行改造，并设置求助服务电话标识。

6. 采用新技术新工艺实施绿色低碳微改造

适老化改造是低影响的改造，采用新技术、新材料、新产品、新工艺和智能家居信息化技术，可有效实施适老化微改造，提高居住环境品质和健康环境性能，为老年人提供安全、便捷、舒适的生活保障。特别是改变现场湿作业的方式，采用装配式技术进行改造，降低污染，减少扰动，从而降低对老年人日常生活的干扰。

4.2　改造策划与通用性要求

4.2.1　适老化改造策划

1. 明确分类分级改造内容

城市社区居家适老化改造的对象和内容应满足社区内老年人交通出行、健身娱乐、邻里交往、配套服务、起居生活、信息化服务等方面的需求，具体包括社区周边城市开敞空间、社区公共环境、社区服务设施、住宅公共空间、住宅套内空间等空间场所和信息化服务。

其中社区公共环境、社区服务设施、住宅公共空间和信息化服务改造内容一般分为“基础类”和“提升类”两种类型。纳入基础类的改造内容应满足老年人基本的通行和生活需求，而纳入提升类的改造内容应满足老年人改善型生活、生活便利性以及生活品质提升等方面的需求，二者具体的改造内容详见表 4.2–1 和表 4.2–2。

基础类改造内容 表 4.2-1

改造项目	改造内容	
社区公共环境	道路交通	路面不平整、破损及路面防滑材料改造
		避免井盖、箅子等磕绊的改造
		急救车辆通达住宅单元出入口改造
		社区道路与城市道路的无障碍通道衔接改造
		社区公共绿地、活动场地、服务设施和住宅单元出入口之间无障碍通道衔接改造
		路面台阶及高差处无障碍改造
		道路转向等处设置方便老年人识别的引导标识
		场地或道路高差处及可能发生危险处照明改造
		设置老年人电动轮椅车停车位及充电设施
	活动场地	台阶高差处设置轮椅坡道或坡地化改造
		台阶起止处设置提示标识，踏面防滑改造
		设置老年人休息座椅
		设置引导和提示标识
	景观绿化	水景近岸安全防护改造
社区服务设施	专项服务设施	设置社区卫生服务站
		设置老年人日间照料、助餐、活动、洗浴等功能
	其他服务设施	设置便民商业设施
		公共厕所无障碍改造
住宅公共空间	出入口门厅	单元出入口室外台阶高差处无障碍坡道改造
		门厅或出入口处宣传信息栏改造
	楼梯、走廊和电梯	地下车库人防门槛高差处改造
		单元出入口室内台阶高差改造
居家信息化服务	设置燃气报警装置	
	设置烟雾报警器	
	设置户内一键呼救装置	

提升类改造内容 表 4.2-2

<table>
<tr><th>改造项目</th><th colspan="2">改造内容</th></tr>
<tr><td rowspan="10">社区公共环境</td><td rowspan="2">道路交通</td><td>人车空间分流或提示性分流改造</td></tr>
<tr><td>车行道路降速设施改造</td></tr>
<tr><td rowspan="3">活动场地</td><td>设置健身步道系统</td></tr>
<tr><td>活动场地高差处及可能发生危险处局部照明改造</td></tr>
<tr><td>设置休息和健身活动场地</td></tr>
<tr><td rowspan="5">景观绿化</td><td>设置可供老年人参与种植和养护的小园圃</td></tr>
<tr><td>公告栏、信息屏等设施适老化改造</td></tr>
<tr><td>设置宠物便溺收集提示标识</td></tr>
<tr><td>场地应急救护装置和求助电话标识改造</td></tr>
<tr><td>社区文化和党建等宣传展示改造</td></tr>
<tr><td rowspan="4">社区服务设施</td><td rowspan="2">专项服务设施</td><td>设置社区卫生服务中心</td></tr>
<tr><td>设置健康诊疗、康复服务和远程诊疗平台</td></tr>
<tr><td rowspan="2">其他服务设施</td><td>设置多功能社区综合服务站</td></tr>
<tr><td>设置服务疫情常态化要求的快递配送设施</td></tr>
<tr><td rowspan="5">住宅公共空间</td><td rowspan="2">出入口门厅</td><td>单元出入口周围增设休息座椅</td></tr>
<tr><td>单元门厅标识可识别性改造</td></tr>
<tr><td rowspan="3">楼梯、走廊和电梯</td><td>加装电梯改造</td></tr>
<tr><td>楼梯梯段踏步起止处设置提示标识</td></tr>
<tr><td>楼层和户门号的标识改造</td></tr>
<tr><td rowspan="2">社区信息化服务</td><td colspan="2">社区信息化服务平台适老化改造</td></tr>
<tr><td colspan="2">设置社区老年人健康管理信息化服务系统</td></tr>
<tr><td>居家信息化服务</td><td colspan="2">老年人家庭病床信息化改造</td></tr>
</table>

2. 开展系统性现状评估

适老化改造策划应以安全性、便利性、舒适性和适宜性为原则，以提升老年人生活品质为目的，编制设计、采购和施工一体化的整体策划方案。拟改造区域广泛的综合调查、评估和诊断是支撑专项改造设计和制定实施方案的基础。只有扎实地做好调研评估，才能明确改造对象、内容和范围，合理确定改造重点；才能不搞“一刀切”，杜绝政绩工程、面子工程；才能合理制定改造实施方案，充分反映居民需求，体现地域特点。因此在方案编制和建设实施前，进行全面、精细的现状评估就显得尤为重要。

作为适老化改造的主要受益人群，应围绕老年人的生理能力和心理感受两个方面，综合考虑改造设计、施工、设施配备和辅具适配，以及功能、技术、经济和建设周期等的适宜性，满足老年人的生活需求，最终根据评估和研判结果，编制设计、采购和施工一体化的整体策划方案。改造前可以采用现场勘查、问卷调研、资料审阅、现场检测和软件模拟等方法，对下列相关内容做出评估：

（1）公共空间环境

对社区周边城市开敞空间和社区公共环境的道路、无障碍设施、停车设施、绿化景观、活动空间、安防设施等现状情况和居民改造诉求进行评估。并对场地竖向及道路情况是否满足紧急疏散、应急消防和救护等需求进行评估。

住宅公共空间的评估应包括住宅单元出入口、地上和地下门厅、雨篷、候梯厅、电梯、公共走廊、楼梯间、附属设施等部位。

（2）公共服务设施

社区公共服务设施是社区老年人居家养老必不可少的物质条件，应对社区的生活照料、医疗护理、精神慰藉、紧急援助等公共服务设施的配套情况进行评估，重点解决老年人吃饭难、购物难、看病难等问题。

（3）设备设施系统

适老化改造评估时应考察设备设施的使用年限、老化损坏等情况。对电气设备设施进行安全性评估，包括：住宅楼及套内配电容量与居民现状生活水平的适宜性，电气设备及保护措施、接地措施的安全性等。

对给水排水、设备、管网、用水器具进行评估，包括：生活供水水池（水箱）的容积、材质和卫生状况，生活供水设备的流量、扬程和使用年限，给水管网的供水管径、管材、卫生状况和漏损状况，用水器具的节水效率、工作压力和漏损等状况。

对空调、供暖和新风设备进行评估，包括：设备的使用寿命、空调设备的能效等级、新风设备的过滤效率、供暖和空调设备的进出水温度，以及设备电气性能安全性，并对智能化设备、智能化管线、智能化管理平台、智能化相关机房及管井条件等进行综合评估。

（4）住宅加装电梯

需加装电梯的住宅，需综合评估场地条件、结构安全、首层出入口、交通疏散和室外管线等要素，以及在通风、采光和日照等方面对相邻住户的不利影响，分析实施的可行性。

（5）套内功能空间

套内功能空间的评估需考虑老年人身体状况的逐步变化趋势，满足老年人当前及未来的适老化需求，包括：门厅、起居室（厅）、卧室、厨房、卫生间、阳台等功能空间的使用情况，以及老年人及其家庭成员的改造需求；还要对套内空间的各部位通行宽度、高差、防滑等做专项评估分析。

3. 编制整体改造实施方案

适老化改造是一个系统工程，因此需根据社区的具体情况，制定社区周边城市开敞空间、社区公共环境、社区老年服务设施、住宅公共空间、住宅套内空间和信息化服务等适老化整体改造实施方案。同时，宜采用建筑师负责制，提供改造全过程设计咨询服务，保障改造全过程的整体性、协同性和适宜性。

（1）公共空间改造整体实施方案

需要针对改造全过程和改造后的社区运行管理进行详细的工作策划，首先明确项目实施主体、改造内容范围和改造重点出资筹资方式、组织实施方法审批流程机制和希望获得的政策帮扶等，提出项目“一揽子”整体实施方案建议，以进一步确定分类拟改造内容详细条目。

基于上述要求，改造整体实施方案的编制应主要包括：编制社区摸底调研评估报告；针对社区周边城市开敞空间、社区公共环境、住宅公共空间提出分类改造内容；针对现有设施的功能和性能不足，以及可利用的存量资源，提出社区服务设施分类改造和加建的内容；社区信息化服务分类改造内容；提出相应的出资筹资方案；提出设施维护和服务运行方案；提出沟通协商与组织方法；提出施工组织方案。

（2）一户一案套内改造实施方案

根据老年人不同的身体状况和生活需求，制定因人施策的住宅套内空间分类改造方案，并应包括以下内容：

一是老年人身体状况评估鉴定。科学合理的老年人身体状况评估鉴定是适老化改造方案设计和实施的依据，也是适老化改造的重要环节。评估从老年人身份特征、生活自理能力、居家环境、辅具适配四个维度对老年人居家适老性进行综合考量。

因此，编制改造方案时应首先对老年人的身体状况进行评估和鉴定，并出具报告，作为空间、设施、辅具、信息化等方面改造方案编制的依据。

评估工作包括：对老年人身份特征、生活自理能力、居家环境、辅具和智能化需求情况等综合评估，全面评估老年人生活能力、行为习惯以及与环境的适应性。应遵循科学精准、综合全面、动态适时、个性化的原则，充分考虑每户家庭老年人的活动能力、家庭环境、改造需求及经济条件。

二是制定空间和设施改造方案。根据评估结果和老年人家庭经济状况和改造意愿，首先解决通行净宽、高差、防滑等最紧迫的问题，做出空间和设施改造方案。在调研中发现，老年人并不希望在家里到处安装扶手和辅具，所以根据每位老年人的不同需求以及住宅的实际状况，在确定改造方案的过程中应特别注意将物理空间改造、调整家具和物品摆放、配置辅具产品和配置智能化设施等进行统筹考虑，采取“一户一案”的改造方案，结合老年人的需求和居住环境确定改造方案。既消除障碍和安全隐患，又要使老年人居住环境舒适、美观，提升老年人的生活质量。

同时，改造设计要满足老年人当前及未来较长一段时期的使用需求，根据现有评估情况预测未来的需求可能性，使居家空间具有较强的可持续性和可塑性；物理空间改造是居家适老化改造的核心内容，主要从卫生间、厨房、卧室、起居室、入户过渡空间等适老化改造提升居家生活的安全、便利和舒适性能。

老人对套内空间、辅具和信息化服务的需求伴随着年龄增长和身体机能的改变呈现出变化，改造方案应充分考虑未来的发展性需求，可预留预敷设备管线。

4. 建立专业资格认证机制

改造的第三方认证是确保改造项目达到质量要求和标准的重要环节，要求对适老化改造的选材是否安全、绿色、健康、舒适，对设施和辅具的选型是否合理，以及安装位置是否满足老年人的生活行为习惯和需求进行功能、质量和性能的综合认证。

住宅套内空间和信息化等服务类适老化改造应实行具有专业资格的设计师或咨询师认证制，实施人员要具备老年人能力评估鉴定、适老性设计、辅具适配等综合能力，并获得具有国家认证资格的第三方机构进行认证。

4.2.2　通用性技术要求

1. 通行系统

（1）无障碍通道

社区公共环境的无障碍通道改造后应符合现行国家标准《建筑与市政工程无障碍通用规范》GB 55019 中“无障碍通道”的相关规定，其通行净宽不应小于 1.20m，这是因为满足轮椅通行和疏散是无障碍通道的重要功能，当设有扶手时无障碍通道的通行净宽为扶手内皮之间的宽度；当通道宽度不小于 1.20m 时，一般能容纳一辆轮椅和一个人侧身通行；通道宽度不小于 1.80m 时，一般能容纳两辆轮椅正面相对通行。

高差是行动障碍者的主要障碍，如何消除或解决台阶高差是无障碍通道改造中面临的主要问题，设置轮椅坡道、缘石坡道或坡地化处理等是解决此问题的主要方法。当无障碍通道上存在井盖和箅子时，其孔洞的宽度不应大于 13mm，条状孔洞应垂直于通行方向。这是因为井盖和箅子的孔洞会对轮椅的通行和盲杖的使用带来不便和安全隐患，所以应尽量避免在无障碍通道上设置有孔洞的井盖和箅子，无法避免时，限定孔洞的宽度和走向，是为了防止卡住盲杖或轮椅小轮，或盲杖滑出带来危险。

三级及三级以上的台阶和楼梯应在两侧设置扶手，台阶和每个梯段的起止处应设置提示标识，踏面应采取防滑措施（图 4.2–1）。当台阶比较高时，在其两侧做

图 4.2–1　无障碍通道示意图
（图片来源：凌苏扬、刘霁娇、李赫绘制）

扶手对于行动不便和视觉障碍老年人都很有必要，可以减少他们在心理上的恐惧，并对其行动给予一定的帮助，避免安全隐患；为防止老年人在台阶处绊倒和跌倒，要求在台阶起始位置设明显标识，可在台阶起止位置的地面粘贴醒目标识，还可在台阶起止位置利用颜色醒目的提示盲道起到相应的作用，也可在起止踏步的边缘用醒目的颜色提示；当在踏步中设置防滑和示警条时，可采用不同颜色加以区别。防滑和示警条如果太厚会有羁绊的危险，因此防滑条不应突出踏步前缘，且应与踏面保持在同一平面上。

（2）出入口

住宅单元和社区服务设施出入口改造后应符合现行国家标准《建筑与市政工程无障碍通用规范》GB 55019 中“无障碍出入口”的有关规定：

一是在有台阶的出入口应设置轮椅坡道或采用坡度不大于1:20的平坡出入口。平坡出入口是人们在通行中最为便捷的无障碍出入口，该出入口不仅方便了各种行动不便的人群，同时也给其他人带来了便利。

二是除平坡出入口外，出入口的门前还应设置平台，同时要满足在门完全开启的状态下，平台的净深度不应小于 1.50m。出入口平台净深度，是指门体 90° 完全开启状态下，从门体最远点至平台边缘（通常为第一级台阶起点）的距离，规定最小平台净深度的是为了保证轮椅使用者的回转空间，避免门扇开启时碰撞轮椅，也为了避免出行者推开门扇就下台阶，出现跌倒的危险。

三是出入口上方应设置宽度不小于门洞宽度，深度不小于门扇开启时最大深度且不小于1m的雨篷。出入口上方设置雨篷，让人进出短暂停留时有避雨防晒的空间，同时也防止高空坠物伤人。

四是公共服务设施和住宅公共出入口的外门开启后有效通行净宽不应小于1.10m，乘轮椅者坐在轮椅上的净宽度为 0.75m，目前有些型号的电动轮椅的宽度有所增大，所以轮椅需要通行的区域通行净宽不应小于 0.90m（图 4.2-2）。

（3）门体

公共服务设施全玻璃门选用安全玻璃或采取防护措施是为了防止老年人因视力功能降低造成与玻璃门相撞带来的伤害。防撞提示措施包括但不限于防撞提示标志，颜色要考虑背景光线条件变化的情况，能够使人易于察觉。提示条宽度应覆盖完整的玻璃宽度，设置的高度在人坐姿和站姿均能方便识别的高度范围。

图 4.2-2　社区服务设施出入口改造示意图
（图片来源：凌苏扬、刘霁娇绘制）

（4）地面

室内外地面适老化改造均应采用防滑材料，室内外地面防滑等级 BPN 不小于 80，摩擦系数（COF）不小于 0.70，卫生间等湿滑地面应采用防滑铺装，地面摩擦系数不应小于 0.60。

对主要由老人、儿童使用的建筑功能空间、潮湿地面以及易使人滑倒的地面，其防滑等级应提高一级。同时，考虑不同功能空间地面材质摩擦系数差别较大，容易使老年人出现摔倒等风险，相邻空间衔接处的地面材质摩擦系数差别不宜过大。

2. 环境质量

（1）空气环境质量

老年人居家时间较长，应避免改造所采用的建筑材料和装修材料导致空气污染物浓度超标，装饰装修材料中的有害物质含量必须符合国家标准的相关规定，且应注意各种装饰材料和构造材料的使用及搭配，防范各类达标材料的污染叠加从而影响室内空气质量。

基于现行国家标准《室内空气质量标准》GB/T 18883 和《民用建筑工程室内环境污染控制标准》GB 50325 的有关规定，室内使用的建筑材料不得使用含有石棉、苯的建筑材料和物品；木器漆、防火涂料及饰面材料等的铅含量不得超过90mg/kg，含有异氰酸盐的聚氨酯产品不得用于室内装饰和现场发泡的保温材料中。

建筑装修材料不得造成室内空气中甲醛、TVOC、苯系物等典型污染物浓度超标。木家具产品的有害物质限值应满足现行国家标准《室内装饰装修材料 木家具中有害物质限量》GB 18584 的要求；塑料家具的有害物质限值应满足现行国家标准《塑料家具中有害物质限量》GB 28481 的要求；应控制室内颗粒物浓度，PM2.5 年均浓度不应高于 35μg/m^3，PM10 年均浓度不应高于 70μg/m^3。

（2）声环境质量

老年人需要安静的居住环境，适老化改造应充分考虑提升住宅隔绝噪声的性能。根据现行国家标准《声环境功能区划分技术规范》GB/T 15190 的有关规定，如果临街建筑面向交通干线一侧设置有卧室，为了满足卧室内老年人睡眠的声环境需求，临街建筑面向交通干线一侧的卧室应提高其外门窗的隔声性能。具体要求包括：

住宅外墙的计权隔声量与交通噪声频谱修正量之和不应小于 45dB；交通干线两侧卧室外门窗的计权隔声量与交通噪声频谱修正量之和不应小于 35dB；其他外门窗的计权隔声量与交通噪声频谱修正量之和不应小于 30dB。

（3）光环境质量

由于老年人随着年龄增长视觉功能逐渐退化，需要较高的照度来保障其视物清晰，照明标准值的选取在现行国家标准《建筑照明设计标准》GB 50034 的基础上做了适度提高，同时考虑了在一般活动情况下，尽量减小相邻空间照度差，避免因照度急剧变化引起的视觉不适应。

照明光源须避免产生直接眩光，并要控制色温、显色指数等指标，其改造后住宅主要功能空间的照度值须符合现行国家标准《建筑照明设计标准》GB 50034 的有关规定。眩光会引起不舒适感觉，降低人们观察细部或目标的能力，在照明设计时要予以避免。老年人视力减弱．喜欢温和的照明方式，对眩光尤其敏感，在选择照明方式、光源和灯具时要慎重考虑。住宅灯光照明适老化改造照度标准值详见表4.2–3。

住宅灯光照明适老化改造照度标准值（lx）　表 4.2-3

功能空间		高度及参考平面	照度标准值
起居厅、餐厅		0.75m 水平面	200
卧室		0.75m 水平面	150
厨房	一般活动	0.75m 水平面	150
	操作台	台面	300
卫生间		0.75m 水平面	200
公共走道、楼梯间		地面	150
单元出入口门厅、电梯厅		地面	200

3. 安全措施

老年人、病弱者等经常将全身依靠扶手栏杆，所以其安装必须足够牢固，其预埋件、螺栓等应按设计要求进行拉拔强度试验。应参照现行国家标准《建筑与市政工程无障碍通用规范》GB 55019 中有关“扶手”的相关规定以及现行国家标准《中小学校设计规范》GB 50099 中的“防护栏杆最薄弱处承受的最小水平推力应不小于 1.5kN/m”的要求进行安装。

老年人使用的用房和活动场地内易出现磕碰处的外凸棱角需要做圆角或切角处理，场所设施和家具的边角需采用圆角设计，避免老年人发生跌倒、磕碰等危险。

同时，老年人发生危险具有不确定性，紧急求助报警装置可采用固定安装和无线便携式装置，并能进行一键式求助，并将报警信号传送至社区监控室，解决老年人发生危险及时求助的问题。

4.3　城市公共环境

4.3.1　通用要求

1. 通行设施

（1）城市街道无障碍环境

当前，城市街区的无障碍通行路线往往不系统，此类问题在市政道路设施衔接部位尤其突出，阻碍了老年人的安全出行和参与社会交往。针对于此，包括城市道路、公共绿地、城市广场、公交站点等在内的城市公共空间，以及与社区公共环境和社区服务设施、建筑出入口之间均应设置系统连贯的无障碍通行路线，其具体改造内容和要求如下：

一是街道无障碍通行流线。社区周边城市街道应具有连贯的无障碍通行流线。完善的无障碍环境能为社区居民营造一个安全和舒适的步行环境，有利于老年人出行，走出去参与更多的社会活动，有更多的社会交往。保证步行通行流线的连贯性和舒适性，是提供连贯无障碍通行流线的基础。同时，通行流线所有高差处均应设置无障碍通行设施。

二是交叉路口与过街设施。无障碍通行流线与车行道交叉时应设置过街斑马线和过街提示设施。无障碍通行流线与机动车或非机动车道交叉时，交叉口处需设置颜色鲜明、内容清晰的过街标识，使驾驶者、骑行者和老年人能够提前做好避让准备，避免危险发生。当公交站台与人行道路之间间隔非机动车道时，要在公交站台与人行道路对应位置设置缘石坡道和过街斑马线等无障碍设施。标识应简洁易懂、位置明显，并不被树木、构筑物等遮挡。过街提示设施可采用地面指示灯、过街音响等提示装置，方便老年人安全出行过街。

当前，城市干道交叉口的尺度、红绿灯时间设置等不利于老年人安全、从容地通过，所以，在城市主干道设置二次过街安全岛十分必要。同时，城市中特别是社区周边的过街天桥、地下通道等过街通行设施对老年人出行尤为重要。若其不符合无障碍通行要求，宜增设无障碍电梯或增设符合无障碍通行要求的坡道，满足老年人、残疾人使用轮椅，行人推拉行李箱和婴儿车的通行要求，并设置相应的引导标识；无障碍电梯和坡道改造应符合现行国家标准《建筑与市政工程无障碍通用规范》GB 55019 的相关规定。

三是安全防护和警示标识。对于视觉和听觉能力衰退的老年人来说，步行通行流线在邻近危险地段如未设置安全防护，很容易发生危险。需要设置安全防护设施的地段包括：禁止靠近或触碰的地点和设施（如城市用电设备、施工地点等），以及可能发生人身伤害的位置（如地面高差较大的地段）。同时，在这些危险地段还必须提供保证老年人能够获得警示信息的标识。

（2）缘石坡道

台阶高差是老年人出行的主要障碍。在各种路口和人行横道处，存在设置立缘石产生的高差，而设置缘石坡道是解决此障碍的主要无障碍设施。

缘石坡道的坡口与车行道之间做到无高差，便于乘轮椅老年人、残疾人、推婴儿车者、携带行李者及其他行动不便者的通行。所谓“无高差”首先指的是设计为无高差，在施工时也要在满足相应施工验收标准的基础上避免高差。

此外，需要注意的是提示盲道的位置是设在缘石坡道上靠近车行道处，而不是车行道上。设置提示盲道的作用既是提示盲人，也是提示老年人此处有高差，应引起注意。

（3）公园绿地

社区周边的公园绿地是老年人经常前往的去处。调查数据显示，我国城市有13.5%的老年人近一年中发生过跌倒，约七成老人跌倒事故发生在公共环境当中。社区周边公园绿地的适老化改造有利于老年人开展丰富多彩的健身和文体活动，从而达到强身健体、愉悦心情的目的。因此，对于社区周边公园绿地内路线的适老化改造应注意以下几点：

一是社区周边公园检票口应设轮椅通道和标识，便于推行坐轮椅的老年人或老年人自驾电动轮椅车来公园参加健身和文体活动。二是公园绿地内应规划连接各类活动场所、服务设施和城市应急避难区域的无障碍通行流线和通行设施，须符合现行国家标准《建筑与市政工程无障碍通用规范》GB 55019的有关规定。三是公园绿地内步行通行流线不应出现无照明和眩光区域，这是因为老年人多会早晚间到公园进行健身活动，为避免出现步行通行流线夜间照明不连贯，造成老年人磕绊跌倒危险，应参照现行行业标准《城市道路照明设计标准》CJJ 45的有关规定对照明系统进行改造。

2. 出行设施

（1）公交站点

为便于老年人乘坐公交车出行，在改造中应重视社区与公交站点的便捷联系，当社区出入口到达公交站点的步行距离大于500m范围时，需合理增设站点。公交站点的建设与改造应注意以下几点：

一是公交站点公共等候区需设置必要的预防跌倒措施和遮阳遮雨雪设施，为老年人乘公交出行提供安全、舒适的候车环境；二是需设置座椅，并设置优先等候区标识，方便老年人候车时坐下休息；三是设置行驶状况实时显示信息屏，方便老年人实时获取公交车行驶和到站信息，提高出行效率。

（2）出租车与网约车站点

距离医院、交通场站、商业街区等人流密集场所的出入口处 100m 范围内，宜设置可供老年人优先等候的出租车停靠点，以及无障碍机动车上 / 落客区，其尺寸不小于 2.40m 宽 ×7.00m 长，并应设置缘石坡道与无障碍通道衔接，便于老年人和乘轮椅者乘车和落客。

同时为方便老年人使用网约车出行，宜在社区出入口步行距离 100m 范围内，设置可供网约车停靠的老年人优先候车区、标识、等候座椅和方便老年人阅读的网约车平台信息服务栏。

（3）慢行道与健身步道

社区周边城市街道宜结合环境改造设置慢行道系统（图 4.3–1），方便健康老年人使用自行车出行，既是非常有效的锻炼方式，也是低碳出行方式。同时，连贯的慢行系统可使老年人安全地使用电动助行车出行，使无法长距离步行或骑行的老年人借助代行工具在社区周边参加各类社会活动。

健身步道路面及周边宜设有引导标识，如在步道起点及每隔 200m 处设行走距离标识牌，标明已经走了多远，消耗了多少热量，还可在步道两侧设健康知识提示牌。还需注意的是，健身步道的坡度不要超过 15°，宜形成连贯的环路，横穿非机动车和车行道时，需设置明显的人行标识，以保证健身步道的通畅和安全。

图 4.3–1　慢行道出行环境示意图
（图片来源：凌苏扬、刘霁娇绘制）

4.3.2　城市街道与公园

1. 城市公交出行环境

（1）公交站点

公交站点应设置遮避雨雪设施；站台有效宽度应满足轮椅通行要求，应设置盲道系统，以及具有助力扶手的座椅和优先等候标识；当公交车站设在车道之间的分隔带上时，应在穿行自行车道处设置缘石坡道和斑马线。站台应有智能网联公交实时显示设施，以及到站间次时刻表（图 4.3–2）。

（2）地铁场站

地铁场站出入口应设置无障碍坡道或以坡地形过渡（图 4.3–3）；应设置无障碍电梯，扶梯和每层楼梯梯段起止和休息平台处应设置提示盲道，扶梯起止处应设置语音提示功能；地铁站内及周边街区应进行盲道系统规划，设置行进盲道和提示盲道系统，闸门前应设置为老年人、孕妇、残疾人、推婴儿车者提供服务的无障碍优先候车区和相应的引导标识。

可通过 App 软件导航选择合理的地铁出入口和无障碍电梯位置；站厅层内应设置具有容膝空间的低位服务台；配置一定数量具有助力扶手和靠背的座椅；检票闸口处应设置轮椅和婴儿推车通道。

图 4.3–2　公交站点出行环境示意图
（图片来源：凌苏扬、刘霁娇、李赫绘制）

图 4.3–3　地铁场站出入口环境示意图
（图片来源：凌苏扬、李赫绘制）

2. 平立面过街环境

（1）过街人行道路口应采用全宽式单面坡缘石坡道或其他形式的缘石坡道（图 4.3–4），条件允许时可采用智能过街斑马线等；路口过街信号灯应设置低位按钮，低位按钮离地面高度 0.85~1.10m。

图 4.3–4　平面过街环境示意图
（图片来源：凌苏扬、刘霁娇、李赫绘制）

（2）过街人行道路距离过长时（如：超过双向 6 车道），应设置可供老年人暂停的安全岛；立体过街设施的人行天桥和人行地下通道应设安全梯道、轮椅坡道或无障碍电梯。

3. 公园绿带漫步环境（图 4.3–5）

（1）郊野公园应配备方便老年人上下的游览车，满足老年人长距离观览游玩的需求，并应设置无障碍优先候车区及相应的引导标识，以及可通过手机 App 进行预约的服务。

（2）山水公园应结合现场条件，规划适老化游览路线，设置上山、下水的无障碍垂直交通设施和运乘工具。有条件的，可设置相应的无障碍设施满足轮椅使用者乘船出游的要求。

（3）公园应设置无障碍标识系统，在公园主入口处及重要景观节点处设置低位无障碍慢行路线导视图，并对无障碍景点、交通运乘工具和爱心服务亭等设置引导标识。

（4）公园内文物古迹建筑中无法改造的门槛和高台等处可采用可爬升设备、可移动门槛等无障碍可替代设施（图 4.3–6），并应设置相应的无障碍引导标识；也可通过设置服务电话对需要帮助者提供无障碍服务。

图 4.3–5　公园绿带漫步环境示意图
（图片来源：凌苏扬、刘霁娇、李赫绘制）

（a）可移动门槛实例图　　（b）可爬升设备实例图

（c）便携临时设施实例图

图 4.3–6　无障碍可替代设施

4. 爱心共享驿站

宜结合银行网点、社区配套服务设施和城市绿地配套服务设施等，以 1000m 为距离设置爱心共享驿站（图 4.3–7）。可解决老年人休息和临时应急服务的需求，

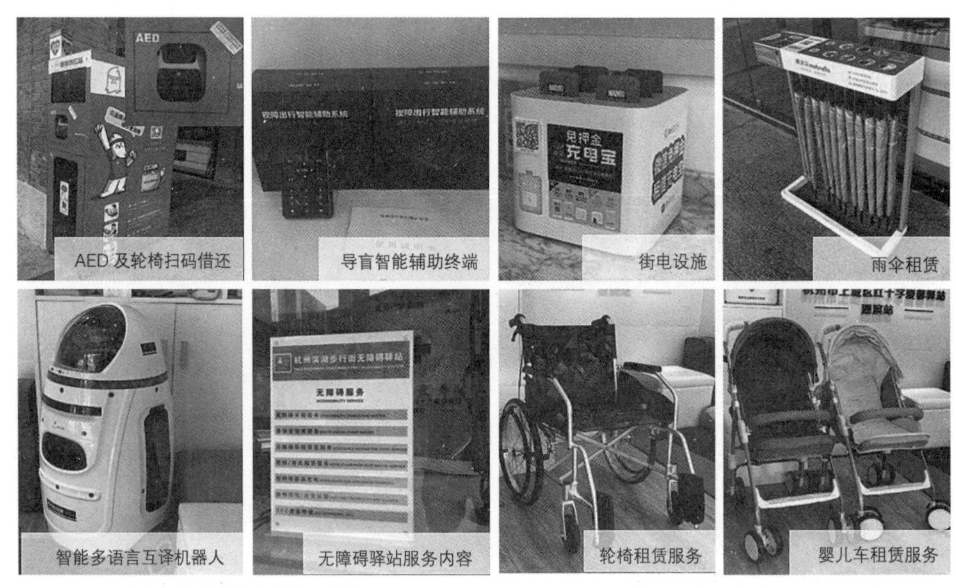

图 4.3–7　爱心共享驿站提供服务示例

可根据具体情况提供：轮椅租赁、雨具租赁和手机网约服务使用咨询等服务。

爱心共享驿站的出入口、接待服务台、公共厕所等设施应符合无障碍设计要求，并应配置 AED 自动体外除颤器，如发生突发急症，可就近向爱心共享驿站工作人员寻求急救服务帮助。

5. 城市家具与设施

（1）广场和公园绿地内台阶高度超过 0.70m 时，应设置助力扶手栏杆（图 4.3–8）。当台阶过宽时，应按每股人流宽度为 0.55+(0~0.15) m 的人流股数确定扶手的设置宽度。

（2）休息座椅、垃圾桶、导示牌、信息栏、饮水器等各类设备设施应采取多功能设备组合方式，其配置间距、助力设施、设置尺度、字体大小和色彩等应满足适老化使用要求。

（3）广场和道路处设置防止机动车和非机动车进入的止行设施时，设施间距应满足轮椅使用者通行，其通行净宽不应小于 0.90m。

图 4.3–8　公园绿地台阶示意图
（图片来源：凌苏扬、刘霁娇、李赫绘制）

4.3.3 信息化与标识

1. 标识系统

（1）适老化标识系统可分为：路线信息地图标识、寻路信息引导标识、服务信息引导标识和安全警示提示标识。其标识内容包括：周边区域无障碍出行路线、公交站点、机动车停车点、非机动车和共享单车停放点、充电桩点位、无障碍厕所、共享设施设备租赁和爱心服务点位。

（2）路线信息和寻路信息引导标识为街道的无障碍路线和服务设施提供总览信息，可设置在街道的各主要广场、主要交叉路口或路线转弯处（图 4.3-9）。街道所有高差和需要安全提示的位置均应设置安全警示提示标识（或提示盲道）。服务信息引导标识应设置于提供适老化服务的点位处。

（3）标识可采用壁挂式、悬挂式、独立式和地铺式等不同的设置方式。壁挂式和独立式标识应设置于地面以上 1.20m 和 1.60m 之间，保证儿童和坐轮椅的有障碍人士能够准确找到目的地。悬挂式标识应设置于地面以上 2.10m 和 3.0m 之间，用于从远处观看进行定向和信息识别。

（4）社区周边街道的店铺出入口处无法进行适老化改造时，可通过设置服务信息引导标识提供服务电话，通过服务引导或提供临时可替代设施的方式提供适老化服务。

图 4.3-9 路线信息引导标识
（图片来源：凌苏扬、刘霁娇、李赫绘制）

2. 信息化系统

（1）老年人活动密集的场所应移动网络全覆盖，通过改造中小学校的操场、文化馆、图书馆和公园绿地等场所，建设老少同乐的健身、娱乐等共享服务设施，建立社区健身和文娱活动服务资源共享平台。通过深度挖掘周边社区健康服务需求，设置与手机移动端链接的信息化服务，形成开放共享的线上线下服务场景。

（2）建立社区周边适老化数字导航地图，通过 App 软件为老年人选择社区周边吃、购、娱、健、玩的社区预约服务。

4.4　社区公共环境

社区公共环境适老化改造涵盖了道路交通、活动场地、景观绿化和场地设施等方面的改造内容，其通用要求包括以下两点：

一是规划连贯的社区无障碍通行路线。老旧社区的无障碍通行路线，尤其是与市政道路设施衔接部位，往往不成系统，阻碍了老年人安全出行和参与社会交往。针对于此，社区公共环境与城市道路、公共绿地、城市广场、公交站点等城市环境，以及与公共服务设施、建筑出入口之间应设置连贯的无障碍通行路线，其改造要求应满足现行国家标准《建筑与市政工程无障碍通用规范》GB 55019 中“无障碍通行设施”的相关规定，以保障社区内包括老年人在内的全体人群安全、便捷出行的基本需求。

二是采用符合老年人认知特点的标识。由于老年人身体机能衰退，体力、视力、听力、记忆力等能力都明显下降，动作的准确度降低，方向感减弱，容易迷失方向，因此，场地内应设置完整、连贯、明显、清晰和简明的标识系统，标识系统包括：导向标识、无障碍标识和消防安全标识等。

道路转弯处、场地和建筑出入口等处应设置系统引导标识，其安装位置应明显且不被遮挡和避免碰撞。高差危险处应设置清晰易识别的提示标识。这是因为由于老年人的生理机能退化视力以及平衡能力降低，对周围环境的感知能力下降，设置提示标识可便于老年人观察到垂直高差等不安全因素，避免发生跌倒事故。标识内容应简明精炼、清晰可辨，便于老年人记忆和识别；其设计和色彩应满足老年人快速识别、理解的需求。

4.4.1 道路交通

社区内道路交通系统适老化改造的设计范围应包括：小区路、组团路、宅间小路，其改造应满足安全性和便利性要求，满足与城市道路的无障碍衔接以及各级道路间的连贯衔接。

1. 安全性

（1）实现人行安全。步行是老年人出行的主要方式之一，社区步行道路适老化改造内容应包括：缘石坡道、轮椅坡道、助力防护设施和导示提示标识。道路的铺设应平整、无破损，并采用防滑材料，增强道路安全性。如条件允许，社区道路宜考虑人车分流；受条件所限无法满足人车分流改造时，宜通过色彩提示、设施隔离等措施实现提示性分流改造（图 4.4–1）。步行道路应安全连续，满足无障碍通行要求，但考虑到老旧社区道路空间有限，很难实现改造后的有效宽度不宜小于1.20m的要求，所以人行通行净宽不宜小于1.00m。此外，针对社区普遍存在道路较窄、无法人车分离的情况，建议有条件的情况下取消路牙石的人行道高差，或采用坡化路牙石、材质变化等措施区分路面功能，减少磕绊跌倒风险，并可相互借用有限的道路空间。

图 4.4–1　社区人车分流示意图
（图片来源：凌苏扬、李赫绘制）

（2）设置减速与提示。车行道路还应设置减速设施和提示标识。通过在小区出入口、交叉口和道路转弯处等位置设置减速带等设施限制机动车速度，保障社区内行人与非机动车的通行安全，减速带在靠近两侧路缘石端应各留 0.90m 缺口，方便轮椅通行。

（3）消解设施安全隐患。当管井盖、树池或雨水箅子与路面不齐或缝隙大于 0.013m 时，会因羁绊、卡住拐杖或轮椅小轮等造成危险，因此，为避免老年人因管井盖、树池等微高差出现磕绊跌倒，其与步行道路路面之间不应存在高差。同时，井盖应牢固固定，避免因井盖松动造成危险或产生噪声影响环境。此外，为确保室外公共活动区域的人员安全，降低潜在风险，应在道路高差及可能发生危险处设置照明。

2. 便利性

（1）无障碍流线的便利。无障碍流线的设置应根据老年人日常生活流线的分析，符合老年人日常使用的生活习惯，满足老年人就近方便使用的原则，不能仅仅以满足标准规范的相关规定为目的（图 4.4–2）。

（2）救护车流线的便利。能满足急救车辆通达住宅单元出入口的要求，老年人是发生高危疾病和在宅伤害事故频率最高的人群，因此要求救护车能够直接通达连接楼电梯的住宅单元入口处，以保证最大限度靠近救护地点，提高救治效率。

图 4.4–2　单元出入口无障碍流线示意
（图片来源：凌苏扬、刘霁娇绘制）

（3）非机动车停放的便利。老年人使用非机动车的情况比较普遍，如自行车、老年代步车等，为保证老年人使用便利与安全，在室外非机动车停车场所宜设置老年人代步车车位。另外，很多老年人会使用电动车代步，室外非机动车停车场所设置适老非机动车停车位时，停车场中宜设置充电装置（图 4.4–3），便于为电动车充电，充电装置的安装要求应符合《电动车停放、充电场所和民用建筑燃气使用场所消防安全须知》中有关规定。

图 4.4–3　适老非机动车停车示意
（图片来源：凌苏扬、刘霁娇绘制）

4.4.2　活动场地

社区室外活动场地是满足老年人健身、休息和娱乐等活动需求的重要场所，一般来说会根据老年人的活动内容分为“动区”和“静区”：散步、跳舞、球类等运动项目场地作为“动区”；晒太阳和下棋打牌等区域作为“静区”。针对室外活动场地的适老化改造（图 4.4–4）应满足以下要求。

1. 场地安全舒适措施

老年人步行和活动时摔倒是极其危险的，因此要求活动场地地势应平坦防滑、排水通畅，高差处以缓坡过渡，坡度不应大于 2.5%。当大于 2.5% 时，应设有变坡

图 4.4-4　室外活动场地的适老化改造示意
（图片来源：凌苏扬、刘霁娇、李赫绘制）

提示标识。活动场所台阶高差处应结合景观环境设置轮椅坡道，缘石坡道或坡地化处理，保障老年人能够安全、便捷地活动。

2. 采取风雨遮蔽措施

宜增设连接老年人活动场地及住宅单元出入口的风雨遮蔽措施。根据场地及气候条件，联系各楼栋和社区服务设施之间的步行道宜增设高大乔木、遮阴构筑物等风雨遮蔽措施，遮阴率宜大于 65%，树下净空不应低于 2.20m。当条件允许时，宜设置风雨连廊等避雨设施，可保证老年人在恶劣天气下出行的安全与便利性。

3. 避免噪声干扰措施

活动场所应与住宅楼保持一定距离，并采取相应的措施避免相关活动对周边环境和一层住户产生干扰。如场地周边种植能起到隔声作用的绿植或设置隔声装置，同时设置相应的警示标识，提醒使用者活动时避免产生影响他人的噪声，保障社区整体环境和邻里关系和谐。

4. 设置和配置要求

（1）社区室外活动场地需考虑包括老年人在内的居民对有氧运动日益增长的

需求，小区内要确保居民休闲健身场地不被侵占。考虑到活动场地老年人使用率较高，建议其半径不宜超过 300m，占地以 150~750m^2 为宜，并配建适当的健身器材，台数不应少于社区总人数的 0.5%。

（2）活动场地可以结合社区内宅间绿地、口袋公园和社区公园等公共绿地统筹设置，如有条件可建设 1 处 800~1300m^2 并配备门球、乒乓球等球类活动设施的运动场地，以及连续、安全、标注距离的健身步道。考虑到老旧社区道路空间有限，很难实现改造后有效宽度不宜小于 1.20m 的要求，所以人行通行净宽可不小于 1.00m。采用硬度弹性适宜、色彩鲜明的地面材料，并配备照明等设施。同时，还宜考虑设置供老年人停靠休息用的栏杆和简易挂衣架等精细化、人性化的设施，栏杆高度宜为 0.75~0.85m，并宜设置简易挂衣设施。

（3）根据相关研究，老年人和儿童往往同时出现在社区的各类室外活动中，因此为便于老年人看护儿童、老少同乐，应按照儿童和老年人舒适的步行距离设置儿童游戏场地，占地以 100~150m^2 为宜，设置儿童游戏器材和软质铺地（图 4.4–5），并宜设置可供老年人使用的健身器具等设施。

图 4.4–5　老少同乐的活动空间示意
（图片来源：凌苏扬、李赫绘制）

4.4.3　景观绿化

1. 提升绿植的可参与性

社区景观绿化的改造宜结合各类场地和设施设置可供老年人参与种植和养护的小园圃等（图 4.4–6）。农作活动是老年人喜闻乐见的休闲活动，可以与家人共同参与其中，增进亲情，对老年人的健康非常有利，体现适老化改造的人文关怀。因此宜结合景观绿化改造共建小园圃，动员老年人参与的活力，满足老年人观赏、休息、遮阴、交往等需求。

图 4.4–6　社区景观绿化园圃示意
（图片来源：凌苏扬、刘霁娇、李赫绘制）

2. 合理配置植物种类

（1）社区景观绿化改造应注重植物搭配及季节色彩，可提醒老年人四季的变化，增强不同区域的辨识度。这是因为植物的花、叶、果的颜色、形状、大小和触感有助于增强老年人的视觉感知，在满足观赏需要的同时，可以作为标志物，增强老年人方向的辨识度和方位参考。地方树种的种植，能够塑造出有地域特色的景观环境，增强老年人的归属感；植物在风和雨等的作用下，能够产生声景，如竹子、松树和芭蕉等，刺激老年人的听觉神经。

（2）植物应选择无毒、无刺、无危险落果 / 落叶、无飞絮、无刺激性气味、无虫害和无过敏源的植物，这是因为花叶或果实含有毒素的植物、易产生飞絮、易生虫害的植物或体内含有易致人体过敏的元素的植物，容易对接触人群尤其是身体虚弱的老年人产生伤害。同时，室外活动场所周边不应种植叶缘带刺（月季、玫瑰等）、具有枝刺（皂荚、石榴等）或具有托叶刺（刺槐等）的植物，此类植物容易对接触人群尤其是老年人和儿童产生伤害。

3. 保证景观水景安全

此外，在进行水景改造时应注意景观水景的水深不宜过深，当水体近岸 2.0m 范围内的水深大于0.5m时，应设置防护栏杆、格栅等防护措施，防止老年人摔倒溺水；可游戏的涉水池水不宜过深，水深不得超过 0.3m，池底应进行防滑处理，不应种植苔藻类植物，防止老年人携儿童游玩时意外溺水或摔伤。

4.4.4 场地设施

1. 信息发布设施

（1）信息平台、公告栏和信息屏等设施的信息发布应满足适老适残、全龄友好的功能要求（图 4.4–7）。可供公众查询信息的信息化平台应设置无障碍大字字

图 4.4–7 公告栏信息发布设施
（图片来源：凌苏扬、刘霁娇、李赫绘制）

符功能，信息发布屏除适合人体平视观看外，其字符大小应符合老年人的辨识要求，保证老年人顺利获取与交流。同时，为体现社区文化特质，可结合社区出入口和各类活动场地设置文化宣传和党建宣传栏等设施，为群众提供邻里生活交流、文化交流、党建交流的场所，形成社区归属感认同感。

（2）应在健身步道和活动场地等处设置禁止宠物便溺的标识，并配置宠物便溺收集设施，保障社区卫生环境的同时方便老年人携宠物出行，提升老年人的心理健康，增加出行的趣味性。

2. 景观小品配置

老年人存在认知力下降的情况，设置色彩温暖明亮，具有明显辨识度的景观装置或小品（图 4.4–8），能够促进老年人行动灵活性和记忆训练，能帮助老年人改善认知能力、提升愉悦感，调动户外活动积极性。小品不应采用过于尖锐、粗糙和眩光表面的材质。

图 4.4–8 社区景观小品
（图片来源：凌苏扬、李赫绘制）

3. 休息座椅配置

公共服务设施、活动场地周边和住宅楼栋出入口等处是老年人活动频率较高，喜欢停留和交谈的重要场所，其周边应成组设置休息座椅（图 4.4–9）。可以让老

图 4.4-9　休息座椅
（图片来源：凌苏扬、刘霁娇绘制）

年人歇脚休息，又可以促进老年人相互交流。社区公共环境健身步道中的座椅是老年人休息的重要社区家具，其配置间距不宜大于 50m，并宜具有遮阴措施。为便于老年人坐下及站起并舒适地在座椅上休息，可以按组设置一定数量，符合老年人人体工学尺度，并具有舒适体感材料、助力扶手和靠背的座椅。

4.5　社区服务设施

社区服务设施适老化改造的目的在于为老年人提供社区养老、社区医疗、商业服务和文化娱乐等基本生活需求的服务设施，主要包括：养老和卫生等专项服务设施、便民和综合服务等其他服务设施。老旧社区中普遍存在缺乏配套服务设施的现象，但由于缺少相应的建设用地，在原有社区范围内新建相关服务设施存在很多困难。

为解决上述问题，可通过改建和扩建原有建筑，将养老、卫生、便民和文化活动等功能进行整合，形成多功能综合服务设施。要充分利用和挖掘存量资源，利用各种边角地，通过改造其他公共设施等方式配建社区综合服务功能。充分利用各类可利用空间，推动社区综合服务站、社区卫生服务站、社区文化中心和老年人日间照料中心等统筹设置，为老年人提供一站式便捷服务。

对于一些没有条件增加便民商业服务设施的社区，可按照服务需求规划，统一布设用于药品、商超用品和蔬菜鲜果等不同品类物件的多功能柜，推动无人智慧便利店、智慧超市柜、智慧微菜场、智慧配送车和智能回收站等各类智慧零售终端加快布局，提升智能化、集成化和综合化社区共享服务功能，通过临时智慧舱体设施的建设，如箱体早餐点、无人智慧便利店和智慧超市柜等，补齐配套服务设施不足。

4.5.1　专项服务设施

1. 养老服务设施

社区养老服务设施配套不能满足现行相关国家、行业和地方标准规范要求时，应在适应当前、预留发展和因地制宜的原则指导下，在满足服务功能和社会需求的基础上，对现有设施进行改造，尽可能综合布设并充分利用社会公共设施。

（1）规划和配置要求

一是，社区老年人日间照料设施的建设数量应按所属辖区每千名老年人 0.5~1.0 处确定，且不应少于 1 处。设施的总建设规模宜为 350~750m^2，使用面积系数宜按 0.65~0.75 计算。社区老年人日间照料设施的短期托养床位数量不应超过 10 床。如条件具备的，提供老年人全托、康复护理、健康照护、健身、授课、讲座等服务，做到医养康养结合，满足老年人健康养老需求。相关指标可参照现行国家标准《城市居住区规划设计标准》GB 50180 及住房和城乡建设部组织编制的《完整居住社区建设指南》中的有关规定。

二是，应结合社区改造片区统筹规划和实施方案配置全日照料设施，为社区中失能（含部分失能）和失智老年人提供生活照料、康复护理、助餐助行、紧急救援和精神慰藉等服务；配置老年人助餐点，提供为老年人助餐、送餐上门等服务；配置老年人活动室，提供书画、健身、棋牌、文艺活动等服务。

三是，社区养老服务设施的室外活动场地应选择在避风、向阳的场所，如受场地条件所限，可利用屋顶平台进行设置，或与相邻的社区公共绿地、儿童活动场地等结合设置。

（2）功能和性能要求

一是改造后的社区老年人全日照料设施的老年人居室日照标准不应低于冬至日日照时数 2h。老年人的身体机能、生活能力及其健康需求决定了其活动范围的局限性和对环境的特殊要求，为老年人服务的各项设施要有更高的日照标准，所以老年人居室应考虑可获得良好的景观、采光或日照，给老年人提供舒适的室内环境，以及在室内感知户外的可能性。当改造的用房不能满足要求时，可要求老年人日常聚集时间较长的公共起居厅能够能满足冬至日日照时数 2h 的要求。

二是为了便于老年人日常使用和紧急情况下的抢救，依据现行行业标准《老年人照料设施建筑设计标准》JGJ 450 和现行国家标准《建筑与市政工程无障碍通用规范》GB 55019 中的有关规定，当社区养老服务设施中老年人使用的用房位于二层及二层以上时，改造后应配置无障碍电梯，并至少 1 台能容纳担架（图 4.5-1），所加装电梯的轿厢门净宽不应小于 0.80m。

三是连接主要功能空间的走廊墙面应设置助力扶手或扶壁板，地面有高差台阶处应以坡道相连。身体衰弱的老年人常常在经过公共走廊和过厅等处需借助安全扶手的辅助措施通行，要求在过道的必要位置设置的连续扶手或扶板是老年人可依赖的安全行走工具。地面高差台阶处以坡道相连是为了降低老年人通行障碍，避免磕

图 4.5-1　可容纳担架电梯
（图片来源：凌苏扬、刘霁娇绘制）

绊跌倒。当设置单层扶手时，高度为 0.80~0.90m；当设置双层扶手时，上层扶手高度为 0.80~0.90m，下层扶手高度为 0.65~0.70m。安全扶手与墙间应有 0.40~0.50m 的空隙，扶手转角作圆角处理。扶手端部向下方或墙壁方向弯曲。

四是活动室、餐厅等宜具有良好的室外视线和自然采光，桌椅和设施应具有容膝空间，座椅应有助力扶手和靠背（图 4.5-2）。社区养老服务设施应充分利用天然采光，营造良好的室内外视觉环境；桌椅和设施应满足老年人坐姿容膝的需求，并具有撑扶功能。

五是老年人行动能力、视觉能力下降，为保证老年人行动安全，防止出现跌倒、磕碰产生的伤害风险。活动室墙柱体及家具阳角应采用弧面、抹角或护角措施；地面铺装应选择防滑材料，且不宜选择地毯等摩擦力较大的材料。

六是全日照料设施居室的门体宽度应能够保证担架车（床）的出入。走廊的净宽和房间门的尺寸是考虑轮椅和担架车（甚至是医用床）进出且门扇开启后的净空尺寸。1.20m 的门通常为子母门或推拉门。当房门向外开向走廊时，需要留有缓冲空间，以防阻碍交通。在水平交通中既要保障老年人无障碍通行，又要保证担架床全程进出所有老年人用房。

七是社区养老服务设施中老年人居室的卫生间应满足现行国家标准《建筑与市政工程无障碍通用规范》GB 55019 中“无障碍服务设施”的相关规定，同时，卫生

图 4.5-2　老年餐厅环境示意
（图片来源：凌苏扬、刘霁娇、李赫绘制）

间的平面布置要考虑护理员的助厕、助浴操作空间。老年人下肢肌力衰退，行动迟缓，洗脸或坐便起身困难，在洗脸盆和坐便器旁安装扶手，有助于老年人自助撑扶起身和坐姿盥洗。

淋浴器处应设置坐姿盥洗的设施和安全抓杆，坐便器附近和淋浴器处应设置应急呼救按钮。老年人在洗浴时易因湿滑而摔倒，设置可坐姿淋浴的设施和扶手可以使老年人安全舒适地洗浴，为解决老年人如厕或洗浴时跌倒后及时呼救，要求设置应急呼救按钮，满足坐在坐便器上和跌倒在地面的人均能够使用。

八是养老服务设施内需要介助和介护的老年人以及社区内居家养老的老年人多有助浴需要，应设置为老年人提供洗浴服务的专用洗浴用房和失能老年人专用浴盆、助浴辅具设备等。

九是社区养老服务设施的导向标识系统是必要的安全措施，宜采用不同的楼层色彩、户别标识和标志物。它对于记忆和识别能力逐渐衰退的老年人来说更加重要。出入口标识、楼层平面示意面图、楼梯间楼层标识、户别标识和标志物等应连续和清晰，能够导引老年人有效辨识空间方位，安全出行与疏散。

2. 卫生服务设施

社区卫生服务设施是保障社区居民健康、满足其基本医疗需求的重要设施。早在 2006 年 2 月，国务院就印发《关于发展城市社区卫生服务的指导意见》，要求推进社区卫生服务体系建设。

（1）在大中型城市，原则上按照 3 万 ~10 万居民或按照街道办事处所辖范围规划设置 1 所社区卫生服务中心，根据需要可设置若干社区卫生服务站，提供预防、医疗、计生、康复和防疫等服务。2015 年 9 月，国务院办公厅印发《关于推进分级诊疗制度建设的指导意见》，要求基层医疗卫生机构和康复医院、护理院等为诊断明确、病情稳定的慢性病患者、康复期患者、老年病患者和晚期肿瘤患者等提供治疗、康复和护理服务。通过政府举办或购买服务等方式，科学布局基层医疗卫生机构，划分服务区域，加强标准化建设，实现城乡居民全覆盖。

（2）若社区的卫生服务设施不能满足现行相关国家、行业和地方标准规范要求，为方便老年人就医，在老年人易达范围内补充配建一处不小于 120m^2 社区卫生服务中心（站），其选址可参考《社区卫生服务中心、站建设标准》（建标 163）中选址与规划布局要求执行，建筑设计应符合现行国家标准《民用建筑设计统一标准》GB 50352、《建筑与市政工程无障碍通用规范》GB 55019 中的相关规定；如果受实际条件所限无法进行补建，也可与社区综合服务站或其他服务设施统筹建设，但应安排在建筑首层，并设有专用出入口。

（3）为进一步给老年人提供及时、优质的健康和康复诊疗服务，有条件的社区，可结合现有的信息化、智能化和数字化的技术与设备，配置健康诊疗和康复诊疗服务，并设置与家庭病床和综合医院相连通的信息化远程诊疗平台，为老年人提供远程医疗与健康服务，作为分级诊疗制度的有效支撑和补充。

（4）在调查研究中发现，很多老年人因为室外没有公共厕所而出现尿急憋不住的现象。为了提升老年人出行活动的舒适感，宜在老年人活动密集处设置公共厕所，可单独设置也可以利用既有建筑进行改造，并要符合现行国家标准《城市环境卫生设施规划标准》GB/T 50337 的有关规定。其配置服务半径不应大于 300m，老年人使用频繁的活动场地 100m 范围内宜设有公共厕所。

如改造条件允许，可设置独立的无障碍卫生间（图 4.5–3）；若改造条件受限，要优先满足老年人安全、便捷如厕等基本需求，对通道、厕位、小便器、洗手 / 面盆等进行适老化改造，设置无障碍通道，无障碍厕位等，并应符合现行国家标准《建筑与市政工程无障碍通用规范》GB 55019 中“公共卫生间（厕所）及无障碍厕所”的有关规定。

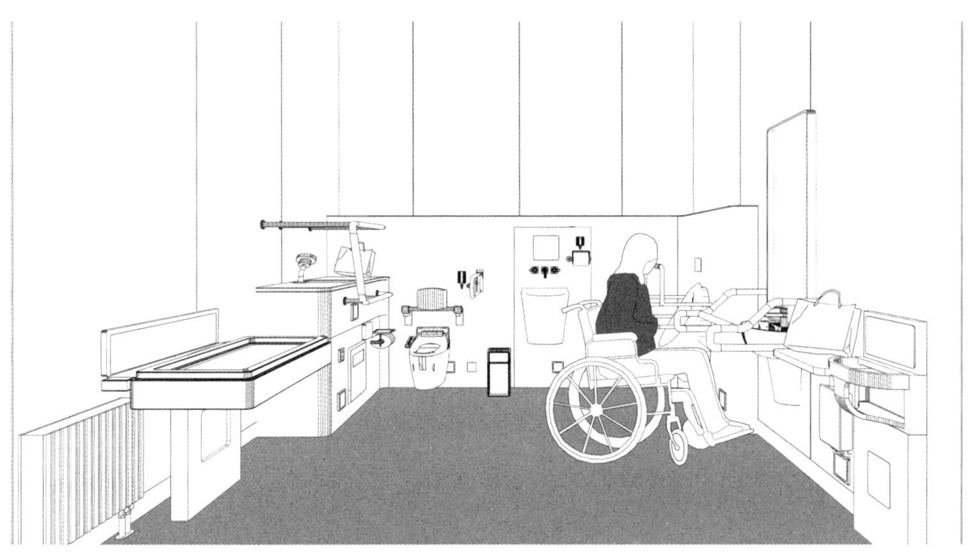

图 4.5–3　无障碍公共卫生间示意
（图片来源：凌苏扬、刘霁娇、李赫绘制）

4.5.2 其他服务设施

1. 综合服务设施

5 分钟生活圈社区服务设施规模较小，应鼓励社区公益性服务设施和经营性服务设施组合布局、联合建设，鼓励社区服务设施中社区服务站、文化活动站（含青少年、老年活动站）、老年人日间照料中心（托老所）、社区卫生服务站、社区商业网点等设施联合建设，形成社区综合服务中心。同时，可在社区综合服务设施内适宜位置配备 AED 救护设备，满足老年人、病患者和儿童发生意外时社区急救的需要。

2. 便民商业设施

社区便民商业服务设施规划建设不足的，应通过恢复挪作他用的原配套商业服务设施功能、改造闲置公共配套设施，购买、租赁有关设施等措施，增加社区商业服务网点，为居民提供日常基本生活服务及购物需求，配套建设综合性超市（提供蔬菜、水果、生鲜、日常生活用品等销售服务）、餐饮店、理发店、洗衣店、药店、维修点等便民商业服务设施。鼓励引入品牌连锁便利店，提供 24h 便民服务。配置菜市场，用于销售各类农产品、食品和生鲜等。配置家政服务用房，提供对孕产妇、婴幼儿、老人、病人和残疾人等的照护以及保洁和烹饪等服务。

社区的“七小”便民设施为老年人生活中使用频率很高的场所，应通过适老化改造为老年人生活提供便利性（图 4.5–4）。各类便民商业服务设施的窗口、服务台、问询台和收银台等应符合坐姿问询和办理事务的要求，并具有容膝空间。同时，作为离老年人最近的便民服务网点，应采取“便利店 +”的适老化模式，提供更多样化、便利化的服务。银行等便民商业设施也是老年人经常光顾的场所，其出入口、服务台、问询台和收银台等设施应能够满足老年人和残疾人无障碍办理事务的要求。

3. 网购配送设施

为解决居民网购快递配送设施不足的问题，应在小区与外部城市道路连通处，封闭街坊出入口处配置邮政业末端综合服务场所、快递接收点或快递自提柜等设施，提供寄送和接收邮件、快件服务，方便快递配送和社区居民取件，使老年人可通过电话、网站和手机移动 App 等实现便捷呼叫，提供网购快递到户、外卖送餐到户等

图 4.5-4 社区便民商业服务与老年人打车区域

功能的社区便民服务。同时，为应对疫情等突发公共卫生问题，加大配置“无接触配送”智能取物柜组件等智能末端配送设施的覆盖力度。

4. 旧物储藏设施

在调查研究中发现，多数老年人有保留旧物的习惯，而且存量较大。鉴于部分旧社区存在的居室内空间狭小、改造困难等问题，改造过程中应充分考虑利用地下闲置空间改造为分户储藏空间，满足老年人需求的同时，也避免了因旧物堆放、储藏引起的各类安全隐患和生活品质下降等问题。

4.6 住宅公共空间

住宅公共空间适老化改造应包括：出入口门厅、楼梯、走廊和电梯。一是，出入口平台台阶、单元门厅、楼梯、走廊和电梯厅等地面应采用防滑铺装，其防滑等级应在现有标准基础上提高一级。二是，为方便老年人出行，入户层为二层及二层以上无电梯的住宅，每单元应加设一台电梯；可因地制宜根据住宅的平面形式采取平层入户方式，当受条件所限采用错半层入户时，可紧贴楼梯梯段侧墙安装斜向升降平台或座椅式电梯，辅助行动障碍者实现无障碍入户。三是，当受条件所限无法加设电梯时，宜结合具体老年人的居住情况，建立使用爬楼代步器等可移动辅具和设施的服务机制，并设置预约服务电话标识。可移动辅具和设施也可配置在社区服务设施内，为老年人提供预约服务。

4.6.1 出入口门厅

1. 设施配置要求

（1）每个住宅单元至少应有一处无障碍出入口。当受条件所限，无法对出入口台阶处进行改造时，为满足行动不便、使用轮椅的老年人出行需求，可通过设置临时坡道、可移动辅具和轨道升降机等替代措施进行改造，并设置求助预约服务的电话标识。

（2）单元出入口改造时，在场地条件允许的情况下，鼓励优先选用平坡出口。当室内外高差不大于 0.15m 时，宜采用平坡过渡的无台阶入口形式，且坡度不大于 1∶20，平坡与单元门交接的位置应留有缓冲平台；出入口平台的纵向坡度不宜大于 2.5%，宽度不宜小于 2.0m。当室内外高差大于 0.15m 时，宜设置不少于 2 级的台阶进行过渡。台阶踏步的踢面高不宜大于 130mm，踏面宽不宜小于 320mm，且踏步宽度和高度应均匀一致。

（3）当台阶比较高且临空时，在两侧设置扶手对于行动不便和视觉障碍老年人都很有必要。扶手对于行动迟缓的老年人来说，可起到撑扶和避免跌倒的安全作用，可以减少他们在心理上的恐惧，并对他们的行动给予一定的帮助，避免安全隐患。同时，台阶侧面临空时，拐杖容易从底部滑出，造成安全隐患，可设置高度不小于 0.10m 的侧挡台。

（4）单元门应满足单扇门开启后的通行净宽不应小于 0.80m，双扇门的一侧门扇开启后的通行净宽度不应小于 0.80m 的要求；为方便老年人抓握的需要，门体拉手应采用利于老年人施力的杆式拉手，如采用压杆式把手。老年人行动迟缓，人行门禁宜采用缓慢回弹并设有感应防夹功能的门禁系统，并要求放大门禁按钮和说明字体，可方便老年人访客使用；同时要求门扇上应设置观察窗，防止进出的人流发生冲撞事故（图 4.6–1）。

2. 服务信息配置要求

（1）为方便老年人使用手机获得医疗、出行和购物等各类服务，还应在门厅出入口处配置便于老年人获取适老服务信息的信息栏（图 4.6–2），主要包括：周

图 4.6-1　单元出入口改造示意
（图片来源：凌苏扬、刘霁娇、李赫绘制）

图 4.6-2　适老服务信息栏
（图片来源：凌苏扬拍摄）

边医疗预约电话、打车预约电话等信息，并提供帮助老年人学习手机预约的教程或志愿者的联系方式等信息。

（2）配置防止电信诈骗、推销诈骗等反诈骗宣传和报警途径等信息，老年人是电信诈骗、推销诈骗等违法活动的主要侵害对象，为保障老年人合法权益，应采取宣传手段，提醒老年人警惕此类违法侵害；还应配置周边七小门店位置、功能和社区家政和维修等便民信息。同时，将居民各类意见反馈、装修时段等信息通过信息栏进行沟通，促进社区邻里和谐。

4.6.2 楼梯、走廊和电梯

1. 电梯配置要求

（1）电梯是老年人（包括乘轮椅者）使用最为频繁和方便的垂直交通设施。电梯的尺寸及容量要满足乘轮椅者与他人共乘电梯的需要，改造加装电梯的载重量不应小于 320kg，轿厢门净宽不应小于 0.80m。电梯的平面尺寸不能小于深度 1.40m、宽度 1.10m，才能满足轮椅正面进入倒退而出，或倒退进入正面而出的使用要求。电梯内玻璃窗高度应考虑轮椅老年人的心理安全需求，应将电梯内距地 1.1m 高度范围内的墙体设置为不透明材料。

（2）呼叫按钮应设置在乘轮椅和拄拐的老年人易于触碰的位置，其呼叫按钮距地面高度应为 0.85~1.10m；电梯轿厢内宜设高 0.85~0.90m 的安全扶手；电梯运行速度不宜大于 1.00m/s，电梯门应采用缓慢关闭程序或加装感应装置；轿厢内部其他装置设备、内表面材料等也宜满足现行国家标准《无障碍设计规范》 GB 50763 的相关规定。

（3）考虑到老年人紧急情况下及时获得医疗救助，有条件的住宅楼应配置可容纳担架的电梯，加装电梯的候梯厅深度应不小于电梯轿厢的深度。当采用宽轿厢时，轿厢宽度不应小于 1.60m，轿厢深度不应小于 1.50m；当采用深轿厢时，轿厢宽度不应小于 1.10m，轿厢深度不应小于 2.10m； 可容纳担架的电梯轿厢门净宽不应小于 0.90m。

2. 楼梯和走廊配置要求

（1）为帮助有视力退化老年人克服认知能力衰退的状况，住宅公共空间应通过不同色彩变化或设置易于记忆、便于确认楼层和入户的标识系统，特别是各层电梯厅墙面宜通过色彩和装饰物等方式加以区别并增强识别性。

（2）为防止老年人在上下楼梯时发生羁绊或踏空的意外事故，起终点处应通过颜色、材料区别楼梯踏步和走廊地面，引起老年人的警觉并利于弱视者辨别。可在起止位置的地面粘贴醒目标识，或设置颜色醒目的提示盲道，或在起止踏步的边缘用醒目的颜色提示，使垂直高低差易于识别。

（3）老年人反应迟缓，在安全疏散时遇到的困难较大。因此，公用走廊、楼梯间、候梯厅和门厅等公共空间均应设置疏散导向标志、应急照明装置以帮助老年人向最近的安全出口完成疏散。同时，因老年人视力衰退，有必要增加音频预警等辅助逃生装置。

（4）我国小区的地下车库多为人防设施，人防门会存在门槛。所以，兼顾人防门性能和无障碍通行要求可设置可移动坡道，满足老年人可无障碍地使用轮椅、拖拉行李箱和搬运物品的需要。

4.7　住宅套内空间

4.7.1　基本要求

住宅套内空间的适老化改造主要包括：入户过渡空间、居室空间、卫生间、厨房和阳台的地面、门体、设备、辅具和环境质量等改造内容，通过适老化改造，如消除地面障碍、进行防滑处理、安装扶手抓杆等保障老年人活动安全。通过室内环境改造，提升采光、照明、通风、隔声等方面老年人居住环境质量。通过运用智能、物联网等技术进行信息化改造，方便老年人生活。

1. 消除地面高差

（1）套内各功能空间因为结构做法的差异，地面铺装材料的不同，或由于防水等原因会形成较小高差。地面存在高差不仅影响户内通行的顺畅，也存在很大的安全隐患。因此，户门设有挡块、门槛、门轨以及户内相邻空间地面存在高差时，应采取设置缓坡和斜面过渡的方式进行改造，改造后高差不应大于 0.015m。

（2）当高差大于 0.015m 且无法全部消除时，宜根据实际情况设置颜色鲜明的防滑条，或设置局部照明等方式提高高差可视度；也可根据老年人撑扶需要，在高差处设置安全扶手。

2. 开展门体改造

住宅门体不能满足适老功能要求时应进行改造。供老年人使用的空间，均应考虑方便轮椅进出的要求，户门净宽不应小于 0.90m，相关研究已经明确标准轮椅可通行的门的净宽不应小于 0.80m。厨房和卫生间是家庭成员出入比较频繁的空间，为避免开启门扇时，与老年人发生意外碰撞，厨房和卫生间的门应设置透光窗。门体把手应采用末端向内侧回弯，防止勾挂衣物和书包带等物品的横执杆式把手，以及易于施力的压杆式把手。

3. 增设储存空间

储藏空间的设置应便于老年人取放物品，宜采用推拉门、软帘遮挡（去掉柜门）和分层门（不影响家具摆放的“下沉式挂衣架”）等方式，以避免老年人取放物品时因活动不便而发生跌倒。储物隔板宜采用拉杆式或电动式，挂衣钩和挂衣杆等构件的高度应可根据老年人的需求进行调节。

4. 合理布置插座

套内空间改造时应根据老年人的使用需求合理设置插座位置。其中，起居室及餐厅插座设置与预留应考虑老年人按摩器、泡脚器、饮水机和落地灯等使用需求；卧室插座应考虑按摩椅、台灯、加湿器和智能设备等使用需求；厨房插座应考虑抽油烟机、冰箱、电饭煲、微波炉、豆浆机、面条机和洗碗机等设备的使用需求；卫生间插座应考虑智能马桶、电热毛巾架和足浴盆等设备的使用需求。

4.7.2 入户过渡空间

入户过渡空间适老化改造应满足更衣、坐姿换鞋、临时放置物品、存放适老辅具和开关灯具等使用需求，具体改造内容详见表 4.7–1。

住宅入户过渡空间适老化改造内容　　表 4.7–1

改造内容	改造类型
室内外高差处理	基础类
安全扶手	基础类
地面防滑	基础类
降低或坡化门槛	基础类
配置换鞋凳	基础类
储藏空间	提升类
门体加宽、更换门扇	提升类

续表

改造内容	改造类型
灯光照明	提升类
压杆式把手	提升类
安装适老门铃	提升类
可视对讲系统	提升类

（1）入户过渡空间内合理布置更衣、坐姿换鞋和存放助老辅具的空间，可满足取放各种生活用品和适老用具的要求。在坐凳处安装助力扶手，可帮助老年人抓握扶手起身，方便出行前和入户后的坐姿换鞋。合理布置的家具往往也能起到替代扶手提供撑扶的作用，其扶手或撑扶家具平面高度不宜高于 0.85m，针对坐姿及乘坐轮椅老人其扶手或撑扶家具平面高度不宜高于 650mm。扶手内侧与墙面之间的净宽宜为 0.40~0.50m，扶手抓握部分的圆弧截面直径宜为 0.35~0.45m，且扶手的设置不应影响过道净宽。换鞋处宜设置竖向助力扶手，鞋柜距地 0.30mm 高度空间宜留空。

（2）入户过渡空间宜考虑助行辅具的收纳和使用，并预留所需设备的条件。宜设置照明总开关或全屋智能开关，以便于老年人离家时一键关闭照明和空调等用电设备。开关位置应设置在户门开启后即能触碰到的位置，以减少摔跤几率，并宜兼顾老人站立和坐姿的需求。

（3）户门处宜改造安装声光结合的门铃、可视门禁对讲系统和户门个性化装饰。考虑老年人听觉功能下降，设置语音与闪光结合的门铃、访客对讲系统可方便老年人较快地辨明来访者，且方便交流沟通。为帮助老年人识别自己的家，可在户门上或其旁边的墙面上选择个性化装饰。

4.7.3　居室空间

居室空间适老化改造内容主要包括：通行、照明、空调、防滑、助力、呼救和储藏等方面的改造，应结合家具部品布置对功能、环境和设施等进行改造，分为“基础类”和“提升类”两类，具体改造内容详见表 4.7–2。

住宅居室空间适老化改造内容　　表 4.7-2

改造项目	改造内容	改造类型
起居室（厅）	通行宽度	基础类
	地面防滑	基础类
	灯光照明	基础类
	空调出风口调整	基础类
	助力辅具	提升类
	软性护具	提升类
	插座和开关	提升类
	适老家具配置	提升类
卧室	储藏空间	基础类
	地面防滑	基础类
	紧急呼叫	基础类
	通行宽度	基础类
	空调出风口调整	基础类
	软性护具	提升类
	压杆式门把手	提升类
	安装床边护栏	提升类
	插座和开关	提升类

老年人居室空间普遍存在家具摆放不合理、无法满足适老功能等问题。同时老人腰间疾病多发，软质沙发容易下陷，不宜老人起身。针对于此，应根据老人身体能力评估、居家日常生活轨迹和各类户型的特点，采用安全稳固的家具作为可撑扶设施的补充，形成连续的安全撑扶系统。同时，针对评估后存在跌倒磕碰风险处的家具采取阳角保护措施。当老人卧室不能满足适老功能要求时应通过调整布局进行改造，一般采取以下措施：

（1）床的布置宜两侧临空，便于老人上下床，尤其对肢体有障碍的老人可以选择上床的位置，同时也方便护理人员护理。可利用床边相邻家具进行撑扶或设置助力扶手，并采取防跌落措施。床边应预留直径不小于 1.50m 的轮椅回转空间或不小于 1.20m × 1.60m 的轮椅转向空间，床边的通行净宽不应小于 0.80m。

（2）为解决老年人独自居家突发急症时应急求助，应在起居室靠近沙发和卧室床头处设置紧急求助装置。可在墙体上安装按钮或采用无线便携式紧急求助报警装置，也可采用按钮和拉绳结合的方式；按钮应有明显标注，方便老年人在紧急情况下识别，便于老年人倒地时使用，且应联通社区养老服务中心等相关服务设施。

（3）老年人因视力障碍和手脚不灵活等问题常常在寻找电气开关时发生困难或危险，因此需要采用带指示灯的宽板开关。起居室、卧室靠近床头处及长过道安装多点控制开关可避免老年人关灯后在黑暗的走廊中行走。

（4）老年人身体机能下降，容易因长时间处在过冷、过热和有风的环境中出现各类身体疾病，相关研究显示，因受风、温差过大引发的不适是老年人高发的身体症状。因此，改造中应充分考虑规避空调出风口设置对室内环境和老年人身体造成不利影响。

4.7.4　卫生间

卫生间适老化改造内容主要包括：门体、高差、防滑、助力、呼救和防跌倒等方面的改造，可根据老年人的行为习惯，选择配置安全抓杆、适老辅具或通过调整洁具和家具布置满足适老要求。分为“基础类”和“提升类”两类，具体改造内容详见表 4.7–3。

住宅卫生间适老化改造内容　　表 4.7–3

改造内容	改造类型
门体宽度和开启方向	基础类
洗面台盆	基础类
储藏置物空间	基础类
助浴扶手	基础类
浴凳	基础类
地面防滑	基础类
适老辅具	基础类
一键呼叫装置	基础类
台阶高差处理	提升类
坐便器	提升类
浴盆	提升类
浴缸 / 淋浴改造	提升类
照明开关和插座	提升类

（1）卫生间的门应能够从外部顺利打开，应采用外开门和推拉门，可避免老人在卫生间内发生意外跌倒后堵住内开门无法救助。并应将照明开关布置于卫生间门外，避免老年人因视线不清磕绊跌倒。

（2）坐便器旁应设置安全抓杆，且应预留插座。根据老年人身体状况和卫生间实际情况，评估坐便器及如厕类辅具的安装及配置条件，合理配置坐便器、便携式接尿器和智能坐便器等，同时宜采用高度不低于0.45m的坐便器。当无法满足时，通过相应的辅具满足老年人如厕的需求。

老年人下肢力量衰退，行动迟缓，在坐便器旁安装扶手，有助于老年人自助撑扶起身。坐便器旁可安装L形、一字形、U形和T形等助力扶手，扶手的竖杆距离坐便器前端0.20~0.30m，横杆高出坐便器顶面0.20~0.25m，也可设置可向墙侧掀起的可折起式扶手。具体尺寸可根据老年人的身体条件进行调节。若设置扶手有困难时，可以选择助力架，为老年人提供支撑。也可设置马桶增高垫，缩短老年人起身距离。此外，需在坐便器旁边预留安全插座，便于改造后智能便座的使用。

（3）洗面台应符合坐姿盥洗和便于老年人撑扶的要求。宜配置浅口洗面台，且应考虑老年人坐姿盥洗的需要。台面高度不宜大于0.75m。台下净空高不宜小于0.65m，距地面高度0.25m范围内进深不小于0.45m、其他部分进深不小于0.25m的容膝容脚空间。镜子下沿距离地面高度宜为0.80~0.95m。

（4）淋浴处应设置坐姿盥洗设施和安全抓杆。老年人在洗浴时易因湿滑而摔倒，设置可坐姿淋浴的装置和扶手可以使老年人安全舒适地洗浴，横向扶手的距地高度宜为0.65~0.70m，纵向扶手顶端距地高度宜大于1.40m。为方便照护人员帮助老年人洗浴，不宜采用浴缸、玻璃淋浴隔断和挡水条。

（5）坐便和淋浴处在老年人摔倒后手脚可触碰到的位置应设置应急呼救按钮。卫生间求助按钮安装高度距地宜为0.5~0.7m。当采用报警按钮和拉绳相结合方式时，拉绳末端距地面高度宜小于0.3m，便于老年人倒地时使用。

（6）卫生间地面高差小于0.10m以内时，可采用移动成品坡道进行改造，但当高差大且无空间条件进行改造时，可根据老年人身体情况，在门侧面安装助力扶手辅助进出卫生间，或采用可移动马桶进行替代。

4.7.5　厨房和阳台

厨房和阳台的适老化改造内容主要包括高差、防滑、安全炊事和储藏置物等方面的改造。分为“基础类”和“提升类”两类，具体改造内容详见表 4.7–4。

住宅厨房和阳台适老化改造内容　　表 4.7–4

改造项目	改造内容	改造类型
厨房	高差处理	基础类
	地面防滑	基础类
	安全性灶具	基础类
	照明	基础类
	操作台改造	提升类
	插座	提升类
	储藏置物空间	提升类
阳台	地面防滑	基础类
	高差处理	基础类
	低位或可升降晾衣杆	提升类

（1）应采用可自动熄火的安全性灶具，避免出现灶具燃气火灾危险；宜于 1.20~1.60m 高度处设置橱柜中部储藏空间，采用橱柜中部柜体可避免老年人攀高伸臂取物造成跌倒危险。当有条件时，宜采用带电动升降置物架的吊柜和下拉式储物篮等，方便老年人操作。灶台、吊柜下方和水池上方设置局部照明，主要是考虑老年人视力减弱，增加局部照明可防止因视线不清，出现的使用刀具危险和炊事事故。

（2）老年人肢体力量衰退，行动能力下降，为方便老年人晾晒衣物，阳台的晾衣设施应采用低位设施或可升降的设施。

4.8　信息化服务

信息化服务的适老化改造是指利用新一代信息技术，对社区居家信息环境进行适合于老年人生活需求的改造，并提供线上、线下联动的适老化服务。可利用

5G、互联网、物联网、大数据和云计算等新一代信息技术的集成应用，结合社区智慧机房建设、家庭养老床位设置、智能设施和器具的配置，为居民社区居家养老提供线上、线下联动的网络就医、网购配送、事务办理、健康档案、人工智能诊断和娱乐健身等的信息化服务设施。

信息化服务改造内容应包括：社区服务网站适老化改造、移动互联网服务应用（App）适老化改造和老年家庭床位信息化改造。其中，社区服务网站和移动互联网服务应用（App）适老化改造应包括：政务服务、新闻资讯、交通出行、社交通信、生活购物、搜索引擎、金融服务、社交通信、旅游出行和医疗健康等，主要是针对老年人日常生活常用的软件服务功能；老年家庭床位信息化改造应包括：人员生命体征及行为监测、急救远程呼救、健康风险预警、慢病干预、主动人居环境监测等。

4.8.1 社区信息化服务

1. 服务功能

2020年11月《国务院办公厅印发关于切实解决老年人运用智能技术困难实施方案的通知》（国办发〔2020〕45号）中提出“搭建社区、家庭健康服务平台，由家庭签约医生、家人和有关市场主体等共同帮助老年人获得健康监测、咨询指导、药品配送等服务，满足居家老年人的健康需求。”2020年12月，《国务院办公厅关于促进养老托育服务健康发展的意见》（国办发〔2020〕52号）中提出“深化医养有机结合。发展养老服务联合体，支持根据老年人健康状况在居家、社区、机构间接续养老。为居家老年人提供上门医疗卫生服务，构建失能老年人长期照护服务体系。”

2020年11月发布的《住房和城乡建设部等部门关于推动物业服务企业发展居家社区养老服务的意见》（建房〔2020〕92号）中提出“鼓励物业服务企业对接智慧城市和智慧社区数据系统，建设智慧养老信息平台，将社区老年人生活情况、健康状态、养老需求、就医诊疗等数据信息纳入统一的数据平台管理；开辟家政预约、购物购药、健康管理、就医挂号、绿色转诊等多项网上服务功能，提升居家社区养老服务智能化水平。”结合老年人的日常生活需求，改造后建立的社区与居家养老信息化服务平台在服务内容上应包括：建立社区老年人健康档案、设有远程医疗服务系统、开通老年人就诊挂号绿色通道、开通老年人购药快递系统、专业康复护理服务等。在服务功能上应满足以下要求：

一是能够整合线上线下资源，为老年人提供助餐、助浴、助洁、助行、助医和助购等“点菜式”便捷服务；二是与老年人居家信息化服务的安全监控装置和家庭病床的信息化服务等功能相连接；三是社区服务网站和服务应用（App）应具有屏幕阅读字体放大功能，可方便老年人读屏，使更多的老年人享用信息化服务带来的生活便捷。

2. 改造内容

（1）针对失能、失智、部分失能和普通老年人的适老信息化服务改造内容包括：人员生命体征及行为监测设施、健康风险预警设施、慢病干预设施、主动人居环境监测设施等。通过配置老年人语音帮助等随身电子设备和安全监控装置，能够远程掌握老年人的健康信息，身体有危险情况时，可以远程关注或及时赶到现场处理。

（2）社区老年人健康管理系统包括：健康档案、健康体征监测、健康状况评价分析、远程健康咨询和指导和健康助手等方面的功能。支持移动端 App 进行管理，便于监护人员及时处理问题。健康助手可进行场景化智能提醒，包括医嘱推送、服药提醒、膳食建议、运动建议和活动地点的行动指导等。

4.8.2　居家信息化服务

居家信息化服务改造内容分为“基础类”和“提升类”两类，其中“基础类”主要是保障老年人居家安全性和基础的网络信息服务，“提升类”主要是利用信息化设施设备、服务等提升居家生活品质，具体改造内容详见表 4.8–1。

居家信息化服务改造内容　　表 4.8–1

改造内容	改造类型
家庭网络	基础类
紧急求救报警	基础类
烟雾报警	基础类
燃气泄漏报警	基础类
定位设备	提升类
睡眠检测	提升类
家居环境监测	提升类
智能家居	提升类

1. 燃气泄漏报警

老年人易出现操作燃具失误，难以及时发现燃气泄漏的现象，因此要求以燃气为燃料的厨房，应设燃气泄漏报警器和烟雾报警器。同时由于老年人反应能力和自救能力弱，要求燃气泄漏报警装置采用户外报警式，将蜂鸣器安装在户门外以便实施救助。

2. 智能家居服务

家庭网络不仅是家庭通信基础设施，更是高品质的家居适老化生活的必需品。应保证光纤到户，满足千兆传输要求；保证本地有线电视信号和移动通信户内信号覆盖接入的条件，家庭设备网应满足各类家居设备的通信需求。

如条件具备，居家信息化服务改造宜满足智能家居和环境智能监测的服务要求，包括：配置对照明设备、电动窗帘、空调设备、供暖设备和空气净化设备等进行集中控制和管理的智能家居系统；配置空气质量、二氧化碳、温度湿度、光照度和水质监测传感等装置，对室内环境数据进行监测。

此外，智能家居控制需具有方便老人操作的人性化交互界面，可采用触摸屏和语音等多种交互方式。户内宜设置就地场景控制面板，实现场景模式控制。为了方便控制和管理，家居设备设施可选择智能家电设备。控制系统要保证用户信息安全。

第5章

我国典型城市社区居家适老化改造实施案例

5.1 城市公共空间适老化改造案例

5.1.1 杭州西湖湖滨步行街适老化改造

项目完成单位：中国中建设计研究院有限公司、上海波城建筑设计事务所有限公司、浙江城建设计院有限公司

主要设计人员：朱雋夫、薛峰、钟声、徐颖、靳喆、张德娟、童馨、凌苏扬等

1. 项目概况

杭州滨湖步行商业街（图 5.1–1）是全世界唯一一处毗邻世界文化遗产（西湖风景名胜区）的滨湖步行商业街，获 2020 年商务部颁发的九条“首批全国示范步

图 5.1–1　改造后的步行街实景（一）

图 5.1–1 改造后的步行街实景（二）
（图片来源：项目业主提供）

行街”之一，也是全国首个“无障碍步行街区试点项目”，获 2021 年北京市优秀工程勘察设计奖一等奖。

规划改造范围为：北至庆春路（一期北至长生路），南至解百新元华，东至延安路，西至湖滨路，占地面积 41 公顷。街区紧邻城市干道延安路，现状步行街全长 650m，改造后步行街总长 1620m。

改造前，步行街人车混行，场地台阶高差较多、步行系统不连贯、所有商铺入口均存在高差台阶，街区缺少公共空间休息场所、景观林荫空间，同时缺少适老无障碍配套服务设施及智能化设施（图 5.1–2）。

图 5.1–2 改造前步行街现状
（图片来源：项目组自摄）

2. 项目适老化改造实施方法

一是建立商业步行街适老无障碍专项全过程咨询模式。创建了从策划咨询、专项设计、施工落实、协调组织、维护管理到用户体验、专家评估等改造全过程，针对适老无障碍环境建设的专项全过程咨询模式（图 5.1–3）。

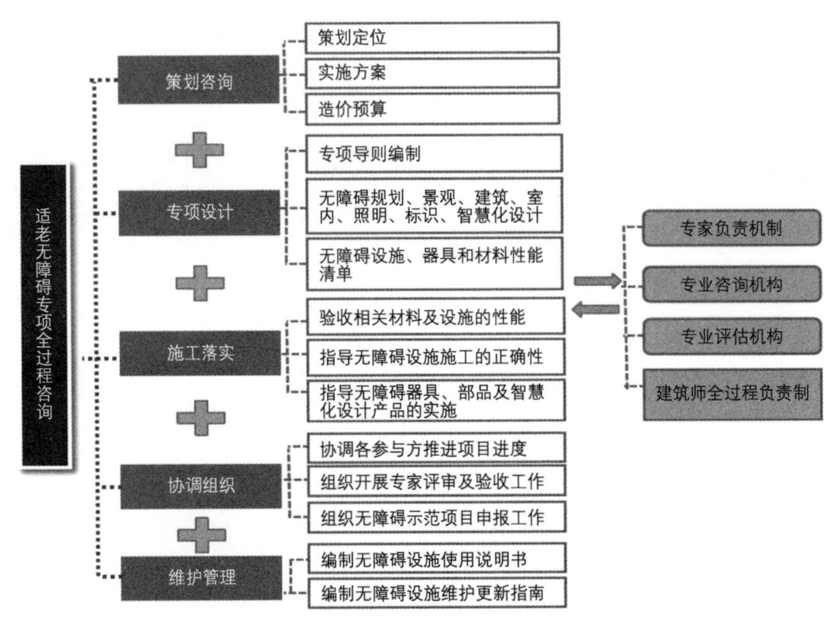

图 5.1–3　适老无障碍专项全过程咨询框架图
（图片来源：项目组自绘）

二是形成了片区统筹适老无障碍专项城市设计实施方法和技术体系。协同规划、建筑、景观、照明、智能化等各专业对交通接驳、道路广场、建筑场地、无障碍服务配套设施、标识引导、智慧化等系统化进行改造，改造后完成近千项适老无障碍微改造节点设计（图 5.1–4）。

三是加强了全龄友好服务设施的人性化配置。项目加强了为老年人、儿童、孕妇等全龄人群服务的人性化设施及服务配置体系，使全部人群均可“畅享街区”。项目形成包括近百项内容的人性化措施清单，设计了爱心驿站、家庭卫生间、林下座椅等人性化服务功能模块（图 5.1–5）。

四是强调适老无障碍设施与西湖景区美感的结合。适老无障碍设计以实用为前提，尊重历史文化，与西湖景区和步行街区一体化设计，力求达到无障碍设施与西湖景区美感相结合。同时注重设计与无障碍设施加工工艺的衔接指导，并监督选材

图 5.1–4　改造后实景
（图片来源：项目业主提供）

及现场安装，形成了无障碍设施与环境的一体化设计与实施（图 5.1–6）。

五是加强信息化技术在无障碍场景应用。将无障碍数字地图等无障碍信息系统与街区智慧大脑对接，对应不同适用人群和应用场景，构筑了一个全龄友好的“互联网 +”无障碍商业街区（图 5.1–7）。

图 5.1-5　改造后的无障碍设施与街区保护场景相结合
（图片来源：项目业主提供）

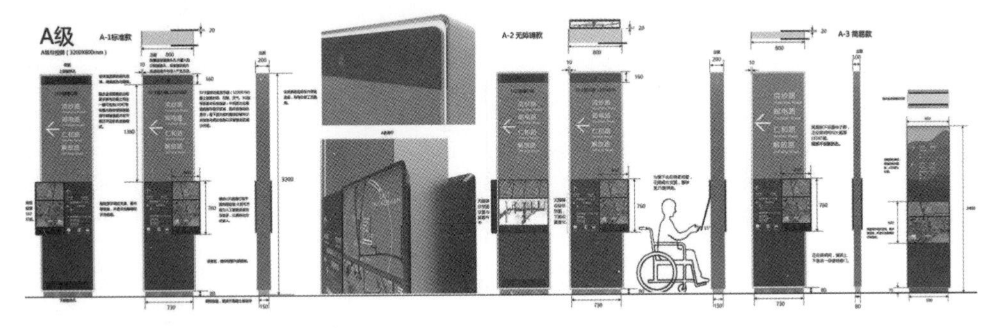

图 5.1-6　无障碍标识和一体机设计
（图片来源：项目组自绘）

图 5.1–7　无障碍信息化服务一体机
（图片来源：项目业主提供）

5.1.2　北京隆福寺步行街适老化改造

项目完成单位：中国中建设计研究院有限公司、上海波城建筑设计事务所有限公司

主要设计人员：薛峰、朱儁夫、张德娟、徐飞、陈丹、丰晶、赵红燕、吴云萍等

1. 项目概况

北京隆福寺步行街位于北京旧城中心，距故宫仅 1.1km，是北京著名的集办公、影院、文创园区、大型商业、胡同商业于一体的高复合功能文化商业街区（图 5.1–8）。

项目占地约为 15.5 公顷，项目改造包括：隆福大厦、东四地铁、长虹影院、东四工人文化宫等前广场，隆福寺东西街、崔府夹道、仓库文创区、变电所周边口袋公园以及周边城市道路的人行道等。

改造前，步行街缺少能让顾客驻足和休息的场所，缺少互动体验的活力商业场景，建筑风貌混杂，经营萧条。步行流线被机动车穿行干扰，步行道路坑洼不平，场地高差台坎较多，给老年人通行带来了安全隐患。

图 5.1–8　隆福寺城市公共空间环境改造设计
（图片来源：项目组自绘）

2. 项目适老化改造实施方法

项目秉承全龄友好型设计理念，采用“流线、外摆、绿植、铺装和设施”五种设计元素，将步行街区功能、环境景观、街区文化、公共艺术品、城市家具、市政设施、交通设施、海绵设施、信息化等进行整合，形成“多维一体”的步行街区环境改造整合设计，尤其留存了东四工人文化宫、长虹影院、隆福广场、仓库文创区、胡同商业等北京特有历史记忆和风貌。形成了连贯的无障碍流线，适老休息、爱心关怀的功能模块。

一是，增补了适老休息功能模块。结合隆福寺东、西街不同的街巷宽度（7~13m 宽），以 30~50m 为模数布置街区适老化驻足休息功能模块。利用建筑边界外摆，补栽乔木、景观小品和室外平台等，布置可坐下休息观景、具有林荫和遮蔽的适老休息功能模块，使原本被停车侵占的街巷空间蜕变为可驻足坐下“静一静”的步行空间（图 5.1–9）。

二是，形成了系统的街区无障碍流线。场地采用平坡化设计，在北京老城复杂市政设施的条件下，隆福大厦等入口广场设计坡度为 1.94%，确保老年人、残疾人

图 5.1–9　街巷公共空间适老化改造
（图片来源：项目组自绘）

和儿童的出行和玩耍安全（图 5.1–10）。长虹影院出入口结合曲线坐凳休息设施满足游客休息、儿童游戏的功能，同时起到艺术小品的作用。利用一商老旧厂房商业建筑边界高台改造为“老哥俩唠嗑”的场所（图 5.1–11）。入口无法进行改造的原有民居平房街巷店铺采用配置临时坡道设施、设置求助服务电话标识等替代措施进行改造。

此外，东四地铁出站口四周街道存在大量高差，其与东四北大街高差约 1m。根据道路现状情况，结合场地坡化、坡道、景观设施和休息座椅等设计，形成无障碍的通行流线。

三是，提升了人性化设计细节。为避免排水箅子和井盖的孔洞会给轮椅的通行和拐杖的使用带来不便和安全隐患，采用线形排水箅子、孔形排水口、隐形铺装井盖和植草井盖等（图 5.1–12），减少对行人的干扰，从细节处入手提升适老无障碍人居环境的品质和生活质量。

四是，营造了“老少同乐”公共环境。改造突出“老少同乐”全龄友好环境，利用林下树荫布置可让大家围坐下来“聊一聊”的坐椅，可让孩子在椅子上爬玩。将长虹影院东侧变电所周边边角地改造为口袋公园。充分考虑在日照较好区域布置“一老一小”可“席地而坐”和“可躺下休息”的活动场地，设置休息座椅和倚靠栏杆等，以及“可在阳光下坐一坐”的台地休息设施（图 5.1–13）。

图 5.1-10　隆福大厦商业广场适老化改造实景
（图片来源：项目组拍摄）

图 5.1-11　利用建筑边界高台形成的交往场所实景
（图片来源：项目组拍摄）

图 5.1-12　商业广场上布置的林下树荫坐椅实景
（图片来源：项目组提供）

图 5.1–13　长虹影院东侧全龄友好型口袋公园
（图片来源：项目组自绘）

5.2　社区和居家适老化改造案例

5.2.1　北京海淀区北洼西里 8 号楼小微公共空间适老化改造

项目完成单位：中国中建设计研究院有限公司

主要设计人员：薛峰、唐一文、黄俭、凌苏扬、沈冠杰、杨瑞等

1. 项目概况

北京海淀区北洼西里小区 8 号楼改造为高层住宅及其楼前公共空间，本住宅建于 1991 年，地下 2 层，地上 18 层，总高度约为 49.5m，建筑面积 10957.71m^2。改造前外墙无外保温，外立面残破严重，楼前空间缺少无障碍设施和停留场所（图 5.2–1）。项目 2022 年改造完工，为北京市建筑师负责制试点项目，获 2023 年北京市优秀工程勘察设计奖三等奖。

2. 项目适老化改造实施方法

一是提升居民和老年人出行的安全性和便捷性。出于“电动车不进楼”的安全性考量，加建了室外电动自行车充电桩，给居民提供安全便利的电动车停车区域。

图 5.2–1　楼栋南、北入口改造前现状
（图片来源：项目组自摄）

图 5.2–2　改造后室外充电停车棚和无障碍坡道实景
（图片来源：项目组自摄）

同时，对无障碍坡道进行了人性化改造，保证老年人出行安全（图 5.2–2）。

二是打造功能复合的单元出入口“共享客厅”。在住宅楼南入口处为居民营造了温馨的“共享客厅”，拓宽了出入口区域的台阶，营造全楼居民共同的客厅，满足居民邻里交往。“共享客厅”利用地下车棚出入口的墙体作为便民服务信息栏，为居民提供切实的便利，并利用地下车棚出入口墙面改造为可倚靠的“台面水吧”，让居民在进楼之前能从容地放一下包，找找钥匙，或者在墙边靠着看孩子玩涂鸦墙（图 5.2–3~ 图 5.2–5）。

该住宅楼居民中老年人及儿童比例较高，在单元出入口处为他们提供了全龄友好活动交往的微场地，设置了供老年人坐的休息座椅、便于孩子玩乐的橡胶铺地，结合原有花池设置了儿童填色墙绘、流浪猫舍、雨水花园和太阳能灯带等设施，形成了“微型生物养育核”，为流浪小动物提供了一个家（图 5.2–6、图 5.2–7），和老幼同乐的乐享生活场景。

图 5.2-3 单元入口共享客厅设计图
（图片来源：项目组自绘）

图 5.2-4 单元入口共享客厅实景
（图片来源：项目组自摄）

图 5.2-5 便民服务信息栏实景
（图片来源：项目组自摄）

图 5.2-6　填色墙绘和流浪猫舍实景
（图片来源：项目组自摄）

图 5.2-7　老年人休息座椅实景
（图片来源：项目组自摄）

三是建立了建筑师与居民共建的精益化改造模式。项目推行“小改造，大师做”，设计出来的“有温度、有味道、有颜值的改造场景”，不是技术和产品的堆砌。采用建筑师负责制和全程陪伴式服务，建筑师按预定的成本预算统筹确定改造内容、性能标准、建筑选材、设施选择和居民沟通等大量细致的过程实施工作（图 5.2–8）。

建筑师采取逐户居民意愿调查，并不断在设计过程中根据居民意见进行设计优化，采取全过程的居民现场监督，形成了建筑师与居民共同缔造实施方法。以“低影响，高性能”为原则，不进行大拆大建，更多地利用并丰富现有的空间，比如将人防出入口改造为党建宣传栏；结合轮椅使用者和儿童的需求设置双层木质扶手，解决原来的不锈钢扶手在冬天过于冰冷，雨雪天也容易结冰的问题；同时围绕社区水站设置了交往等候休息区，让居民们利用打水的机会形成更多的交往场景（图 5.2–9、图 5.2–10）。

四是建立改造项目信息化管理平台。从项目立项到设计、选材、施工、验收全过程依托项目组自主开发的精益化协同管理平台进行全过程的协同设计管理，并应用自主研发老旧小区改造测算模型软件，实现最优化成本的性能和环境品质提升（图 5.2–11）。

图 5.2-8　建筑师负责制和全程陪伴式服务
（图片来源：项目组自摄）

图 5.2-9　党建宣传栏实景
（图片来源：项目组自摄）

图 5.2-10　居民了解方案并提出意见
（图片来源：项目组自摄）

图 5.2-11　精益化协同管理平台
（图片来源：软件界面截图）

5.2.2 北京北新桥街道民安小区小微公共空间适老化改造

项目完成单位：北京市规划和自然资源委员会、北京建筑大学高精尖中心、中国中建设计研究院有限公司、深圳市城市规划设计研究院有限公司

主要设计人员：迟义宸、张大玉、李雪华、薛峰、吕小勇、栾景亮、单樑、洪涛等

1. 项目概况

北京东城区北新桥街道民安小区 26 号楼为回迁安置房，建于 2003 年，居住总户数为 706 户，常住人口 2063 人。小区内部空间由东、西和南住宅楼三面围合而成，北侧为北新桥派出所，小区公共空间呈“凹”字形，场地面积为 4113m^2。院内现状场地受高层住宅“凹”形布局影响，全年缺少阳光；场地不平整、障碍较多、安全隐患较大；杂物及建筑垃圾随意堆放；严重缺乏供老年人、儿童活动和交流的空间；室外电动车随意拉线充电，自行车无序停放。该项目改造获 2021 年北京城市更新最佳实践、住房和城乡建设部典型示范案例、北京市优秀城乡规划奖二等奖。

该项目现状图和改造规划图见图 5.2-12。

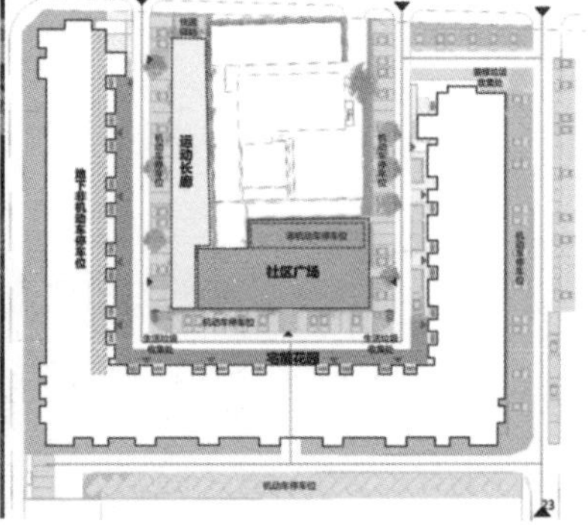

图 5.2-12 现状图和改造规划图
（图片来源：项目组自绘、自摄）

2. 项目适老化改造实施方法

一是营造公共活动空间。现状场地环境杂乱，无休闲设施、无落座空间，无法供居民进行户外活动。亟须进行环境整治，高效且综合利用场地现状，建设多种休

闲服务设施，为居民提供一个功能复合、空间丰富的集中活动空间。

公共活动空间改造前后见图 5.2–13。

二是通行流线无障碍。通过竖向拓展空间，在人防建筑的上方建起一个 700 余平方米的二层阳光平台。利用原人防建筑北墙与派出所外墙间狭窄无用的通道设置坡道，连接二层平台的无障碍坡道结合现状树木的位置进行设计，孩子和老年人可通过无障碍坡道上到平台，在这个二层平台就能照到阳光，孩子在这里玩耍、老人在这里休息都不会受到机动车的干扰，更加安全（图 5.2–14）。

三是住宅出入口无障碍。原单元门口均有一步台阶，安全隐患大。将单元出入口改造为平坡场地且加装扶手，实现轮椅、婴儿车、老年人的安全出行，老年人

图 5.2–13　公共活动空间改造前后对比
（图片来源：项目组自摄）

图 5.2–14　小区“消极”空间改造前后对比
（图片来源：项目组自摄）

会以此撑扶助力保证安全，并有很多老年人倚靠扶手在此聊天（图 5.2–15）。

四是健身场地无障碍。原场地林下西北侧空间被非机动车与建筑垃圾占据，社区内无休闲健身场所。利用场地西北侧建设运动长廊，为居民提供休闲运动场地，解决了居民无处健身活动的问题（图 5.2–16）。

五是休息场地无障碍。原场地内植被杂乱，景观品质差，且无居民可落座设施。在活动健身场地周边设置休息座椅，并精心设计花池、树池，为居民营造舒心并赏心悦目的休闲空间（图 5.2–17）。

图 5.2–15　单元出入口改造前后对比
（图片来源：项目组自摄）

图 5.2–16　健身活动场地改造前后对比
（图片来源：项目组自摄）

六是规范非机动车停车和充电。原单元出入口两侧被非机动车占据，居民出行难，安全隐患大。利用二层平台的廊下空间改造为集中的非机动车停车区，配置非机动车充电桩，为居民提供便捷的停车和充电服务（图5.2–18）。

七是规范机动和非机动车停车。院内机动车、非机动车乱停乱放，挤占人行通道、消防通道现象严重。通过改造和规范场地内车行道两侧机动车、非机动车停放，创造安全有序、易通行的小区内部道路（图5.2–19）。

图5.2–17 休息场地改造前后对比
（图片来源：项目组自摄）

图5.2–18 非机动车停车场所改造前后对比
（图片来源：项目组自摄）

图 5.2–19　机动车停车场改造前后对比
（图片来源：项目组自摄）

5.2.3　北京大栅栏街道厂甸 11 号院小微公共空间适老化改造

项目完成单位：北京市规划和自然资源委员会、北京建筑大学高精尖中心、中国中建设计集团有限公司、北京汉通建筑规划设计有限公司

主要设计人员：迟义宸、张大玉、李雪华、熊文、薛峰、吕小勇、栾景亮、万强、李加磊等

1. 项目概况

北京西城区厂甸 11 号院是大栅栏片区唯一的 6 层住宅小区，建于 1984 年，共有 206 户居民。室外空间由 1 号、2 号住宅楼及北侧配套用房围合而成，场地面积 3134m^2。院内杂物及建筑垃圾随意堆放；凌空架设的各类线缆杂乱，安全隐患极大；严重缺乏供老年人、儿童活动和交流的空间；800m^2 配套用房设施老旧，被“僵尸”自行车占满；室外电动车随意拉线充电，自行车无序停放，垃圾杂物严重占用居民公共活动空间。该项目改造获 2021 年北京城市更新最佳实践、住房和城乡建设部典型示范案例、北京市优秀城乡规划奖二等奖。

项目改造后实景图见图 5.2–20。

图 5.2-20　项目改造后实景图
（图片来源：项目组自摄）

2. 项目适老化改造实施方法

一是通行流线无障碍。改善庭院公共空间，保留树木并增加景观设施，将花坛改造为可穿行绿地，形成更宜人可使用的活动休息空间。改造后形成完整的无障碍流线，社区活动场地、无障碍卫生间、建筑出入口，轮椅、婴儿车都可以无障碍通行（图 5.2-21）。

二是建筑出入口无障碍。原有配套建筑与室外地坪存在高差，对老年人出入造成不便。改造后设置建筑外廊空间、无障碍坡道和栏杆扶手，实现公共空间全龄友好品质提升（图 5.2-22）。

三是公共卫生间无障碍。原有社区内卫生间年久失修，上下水取水点已无法使用。将其改造为无障碍卫生间，并增设热水洗手设施，解决老年人室外活动中如厕

图 5.2-21　小区步行通道改造前后对比
（图片来源：项目组自摄）

图 5.2–22　出入口改造前后对比
（图片来源：项目组自摄）

图 5.2–23　公共卫生间无障碍改造前后对比
（图片来源：项目组自摄）

难的问题（图 5.2–23）。

四是增设安全出行设施。改造前换热站东侧小院长期被建筑垃圾占据，且无人看管，安全隐患大。通过清理、整治院落，为电动车停车腾出空间，增设室外电动车充电桩，消除拉线充电安全隐患（图 5.2–24）。

五是增设健身活动场地。改造前换热站西侧小院长期被私人物品占用，无法使用。将腾出的空间改造为老年人和儿童共享的活动场所，铺设塑胶地面，将拆除的墙体饰物进行利用，让老年人和孩子共享欢愉的活动场所，让孩子跑起来，让妈妈放心（图 5.2–25）。

六是保留场所历史记忆。保留社区内承载着居民美好记忆的原有标语和葡萄架，既能作为墙面的装饰，也提升了葡萄架下的休息环境，留住了社区的历史记忆，提升归属感（图 5.2–26）。

七是增设便民服务设施。改造前原有车棚脏乱且存放了大量僵尸自行车，基本

图 5.2-24　闲置空间改造前后对比
（图片来源：项目组自摄）

图 5.2-25　健身场地改造前后对比
（图片来源：项目组自摄）

图 5.2-26　小区葡萄架改造前后对比
（图片来源：项目组自摄）

无人使用，而社区内缺少多功能室内活动场地。将车棚的一部分改造为党群活动中心，设置党建、物业、健身、娱乐、阅览、休闲、便民服务等功能，为居民提供丰富、便利的室内公共活动空间和社区党建场所（图 5.2–27）。

考虑到社区缺少孩子课外拓展活动空间和老年人餐桌，将车棚的另一部分改造为社区食堂及儿童书屋，为孩子们开辟出放学后能安心自习和阅读的学习空间，为社区的老年人提供了就餐和交往的场所（图 5.2–28）。

八是人性化精细化设计。细化林下休息空间设施，座椅采用带靠背的木制材料，符合老年人体工学和体感舒适度要求，并按一定比例增加了适合老年人撑扶起身的扶手（图 5.2–29）。

图 5.2–27　车棚改造为党群活动中心前后对比
（图片来源：项目组自摄）

图 5.2–28　车棚改造为社区食堂前后对比
（图片来源：项目组自摄）

图 5.2-29　小区适老化环境改造后实景
（图片来源：项目组自摄）

5.2.4　北京海淀区翠微西里社区适老化改造

项目完成单位：中国中建设计研究院有限公司

主要设计人员：薛峰、朱玉琪、彭懿、冯量、潘善杰、蔡玉义等

1. 项目概况

北京海淀区翠微西里社区用地面积 4.38 公顷，总建筑面积约 12.3 万 m^2，涉及 828 户近 3000 居民。改造内容包括：7 栋高层和 3 栋多层住宅楼、居民活动中心、小区入口、地下车库、地面停车场、自行车棚、小区垃圾站等。该项目为“十三五”国家科技课题的示范项目，获 2021 年北京市优秀工程勘察设计奖二等奖。

小区改造前道路系统混乱，停车位数量不足，乱停车现象严重，存在违章建筑；老年人和儿童活动场地不足，缺少适当的室外休息、交往空间；机动车挤占绿化空间，楼前绿化景观面积小且功能单一；庭院景观功能性差，令人停留感弱；楼体外围护结构和设备设施老化严重，小区内市政基础设施和信息化系统设置不合理。改造后实景图见图 5.2-30。

2. 项目适老化改造实施方法

一是开展社区统筹改造“再规划”编制。统筹利用现有公共设施资源，对小区的道路交通设施、市政基础设施、公共服务设施、公共环境设施以及多层和高层住

图 5.2–30　项目改造后实景图
（图片来源：项目组自摄）

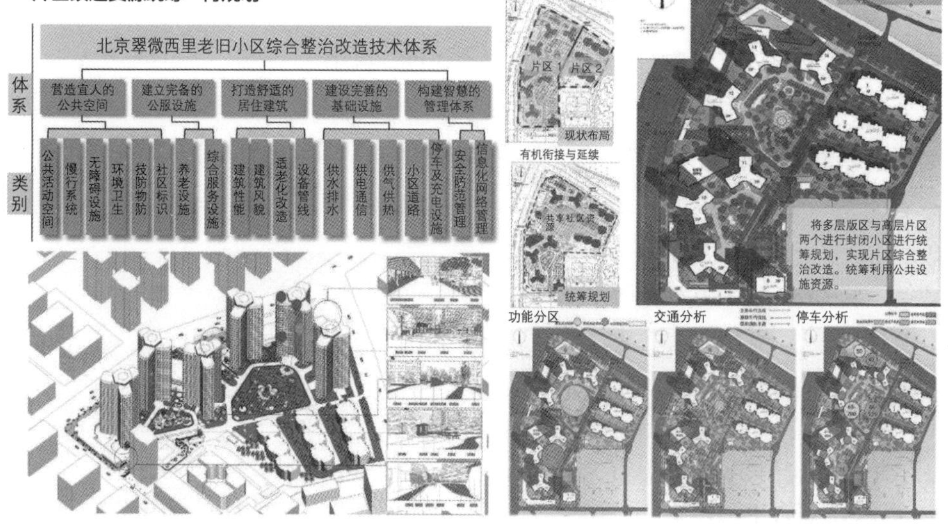

图 5.2–31　总体统筹的综合整治改造“再规划”
（图片来源：项目组自绘）

宅进行了总体统筹的综合整治改造“再规划”（图 5.2–31）。

二是营造社区全龄友好公共环境。通过对社区进行重新规划和优化车行流线、步行道路、保护原有树木环境、营造生态林下休息场所、林下停车场所，形成了环境友好的室外公共环境（图 5.2–32）。

三是完善配套适老化服务设施。利用原有社区用房改造为社区服务中心、社区卫生服务中心、社区文化活动中心、集成快递接收点，并利用临时设施改造为老年人餐桌（图 5.2–33）。

图 5.2-32　全龄友好的公共空间改造实景
（图片来源：项目组自摄）

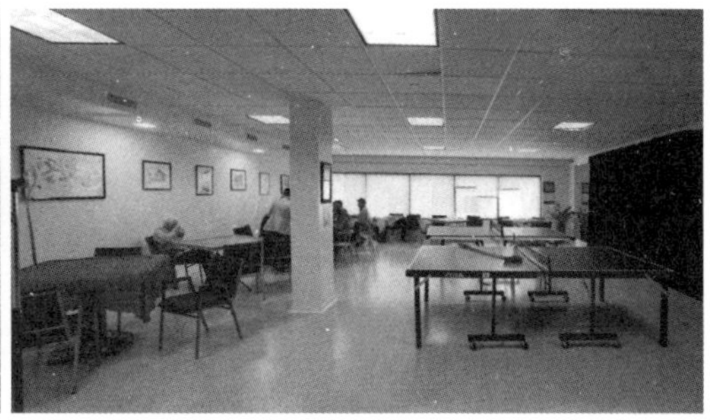

图 5.2-33　配套公共服务设施改造实景
（图片来源：项目组自摄）

四是打造高品质适老居住环境。按照现行国家标准对外围护结构的保温及防水进行改造，并对室内排风及设备管井进行提升改造，多层住宅加建了平层入户的电梯，高层住宅将电梯改造为可进入斜角担架的电梯、公共楼梯间和地下车库均进行了适老化改造（图 5.2–34）。

五是提升社区市政和信息化功能。改造完成了信息化网络管理、安全防范管理、停车及充电设施等系统，对供水排水、供电通信、供气供热等设施进行了系统的改造（图 5.2–35）。

在工程全过程中采用建筑师全程陪伴式服务，把绿色设计和全龄友好设计价值观完全融入改造项目之中，“花小钱，办大事”，采用“低影响，高性能”的技术方案。公共环境改造采用“一场景一策”，户内改造按照“一户一策”，结合居民实际情况和不同需求，制定不同的改造方案。改造后发现小区的“人多了”，因为居民更愿意下楼晒太阳，遛弯活动了。

图 5.2–34　多层住宅加建电梯及环境改造实景
（图片来源：项目组自摄）

图 5.2–35　停车充电桩和地下车库无障碍坡道改造实景
（图片来源：项目组自摄）

5.2.5　北京朝阳区水碓子西里社区适老化改造

项目完成单位：中国中建设计研究院有限公司

主要设计人员：薛峰、唐一文、黄俭、凌苏扬、沈冠杰、杨瑞等

1. 项目概况

北京朝阳区水碓子西里建成于 1980 年。社区占地面积 9.18 万公顷，建筑面积 12.04 万 m^2，涉及 31 栋住宅共 2235 户居民。改造涵盖社区公共环境整治、楼体抗震加固、危房原址拆建、便民设施加建和商业设施改建等社区改造中全类型内容。

项目为北京市建筑师负责制试点项目。

一期改造为 4 栋六层住宅及其周边环境和配套服务设施，共涉及 174 户，建筑面积 8557m^2。建筑为装配大板结构，外墙无外保温，需要进行结构加固和增设保温措施，外立面残破严重，住宅内公共空间脏乱且无电梯。场地现状环境杂乱，缺少停车位，缺少无障碍设施和绿化植被，缺乏公共活动场所。

该项目改造以“低影响，高性能，低成本，高品质”为主旨，针对外套筒抗震加固、单元入口共享客厅、公共走道、户内试点、适老电梯、便民健康系统、街坊花园、活力主街、社区出入口、围墙折廊 10 项内容进行改造，采取 12 项技术、32 项措施、107 个配套要素，构成水碓子西里社区改造技术体系（图 5.2-36、图 5.2-37）。

图 5.2-36　社区改造“再规划图”及现状照片
（图片来源：项目组自绘、自摄）

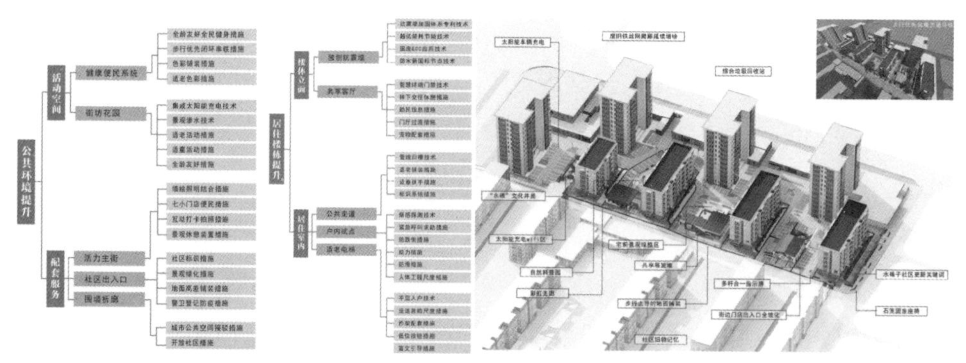

图 5.2–37　水碓子西里社区改造技术路线图
（图片来源：项目组自绘）

2. 项目适老化改造实施方法

一是住宅“低影响、高性能”一体化改造。住宅楼体采用抗震、节能、防水、遮阳和建筑造型设计一体化的外套筒抗震加固结构形式，既保证了改造后的抗震安全、保温隔热防水性能，又无须居民外迁，整个改造过程中，大幅度减少了对居民生活的影响（图 5.2–38）。

图 5.2–38　住宅外套筒抗震加固一体化改造实景
（图片来源：项目组自摄）

二是社区全龄友好无障碍环境提升。项目开展了全龄友好无障碍出行规划，设置了闭环健身漫步环线，并结合单元出入口处的坡道设计设置了可供居民休息和交往的座椅和绿植，形成共享客厅，增强邻里交往。同时，每个单元出入口墙体采用不同的色彩，增强可识别性和归属感。为楼栋加建适老无障碍电梯，保证平层入户，并配备了所加建电梯可容纳的削角急救担架。社区内专门设置了寓教于乐的儿童活动场地，设置了儿童友好跑道、游乐设施和科普园地等，“让儿童跑起来”，使社区真正成为适老、适童的全龄友好型环境（图 5.2-39~ 图 5.2-42）。

三是社区公共空间环境品质提升。本项目室外公共空间有老旧小区普遍存在的空间局促和杂乱等问题，项目以二维墙面彩绘和空间三维设施相结合的方式，以较低的成本延伸并放大公共空间环境的视觉，并在墙面上形成丰富的二三维转换趣味性拍照点，形成居民与环境景观设施互动体验的场景（图 5.2-43）。

四是留存社区历史文化记忆。本项目以社区的历史沿革、文化脉络、居民记忆及人口结构等为基础，进行了适老色彩研究并形成社区适老色谱，辅以文化关键字拓扑变形、楼栋归属性色彩设计、标识导示系统设计等，共同形成水碓子西里社区文化 IP，并体现于社区的标识牌、景观灯具和设施小品等（图 5.2-44）。

图 5.2-39　单元出入口坡道结合休息座椅
（图片来源：项目组自绘）

图 5.2-40　单元出入口共享客厅
（图片来源：项目组自绘）

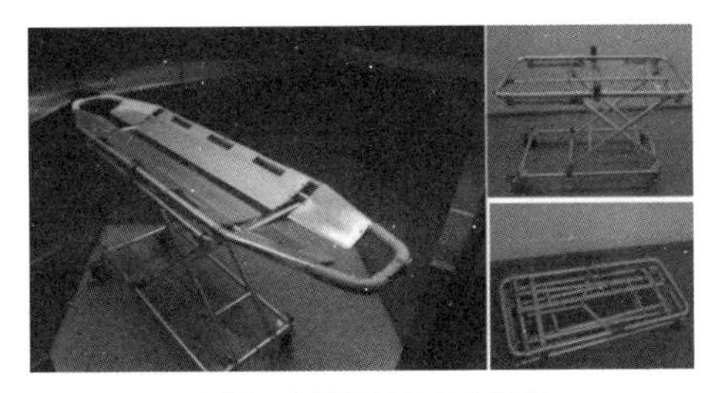

图 5.2-41　电梯可容纳的削角急救担架
（图片来源：项目组自绘）

图 5.2-42　儿童活动场地
（图片来源：项目组自绘）

图 5.2-43　二维墙面彩绘与三维环境景观设施互动体验场景
（图片来源：项目组自绘）

图 5.2-44　社区文化 IP 衍生打卡墙
（图片来源：项目组自绘）

五是拆除材料的资源化利用。项目将现场拆除的建材进行统一资源化利用处理，应用于场地路面的混凝土铺装和景观石笼座椅。并将社区旧物（如旧自行车、旧居家用具）进行收集，结合社区超市改造，作为环境小品摆放于入口处，留住社区生活的居民共同记忆（图 5.2-45）。

六是建立绿色健康的社区生活。场地设置太阳能光伏设施，为居民活动提供夜间照明（图 5.2-46）。同时设置居民二手交换社区集市、生物垃圾处理设施并配置科普讲解等标识栏。设置串联楼栋入口及所有活动场地的步行健康步道，设置电动

图 5.2-45 社区配套服务设施入口处旧物利用
（图片来源：项目组自绘）

图 5.2-46 社区集市的太阳能遮荫棚架
（图片来源：项目组自绘）

机动车和非机动车充电设施和停车位，倡导居民健康出行。

作为北京市建筑师负责制试点项目，建筑师作为用户（街道和社区居民）的技术代表，对设计技术和成本控制进行负责，开展项目立项、技术论证、居民沟通、全专业设计、材料优选、成本控制和施工技术监管等全过程的协同设计，并采用协同设计管理平台进行管理，实现最优化成本的性能和环境品质的提升。

5.2.6 北京朝阳区南郎家园社区适老化改造

1. 项目概况

北京朝阳区南郎家园小区占地面积 1.64 万 m^2，小区内有多层住宅 14 栋，低层建筑 9 栋（图 5.2–47），本次改造建设范围为小区室外公共空间。小区内人车混行、路面破损，有安全隐患，车辆几乎占满场地内所有非绿化、非道路区域，影响居民出行；社区主街缺乏特色、缺少环境营造、门店出入不便；社区活动空间分布不均、功能匮乏、绿植不足、缺乏人性化空间；楼栋入口缺少临时停车场所、缺乏适老无障碍环境；社区配套布局不够合理、环境品质不佳；社区风貌缺乏整体性和文化特色。

项目适老化改造以安全性、便捷性、舒适性为三大建设原则，打造娴静、优雅、适老和文韵的社区空间。改造设计包括：流线梳理、停车规划、社区主街（启航之路）、游憩系统、共享客厅、配套系统、社区 IP、城市展示面（图 5.2–48）。技术

图 5.2–47 南郎家园小区改造项目鸟瞰图及现状照片
（图片来源：项目组自摄）

措施包括 8 大分项、46 项技术措施、129 个配套要素（图 5.2–49）。

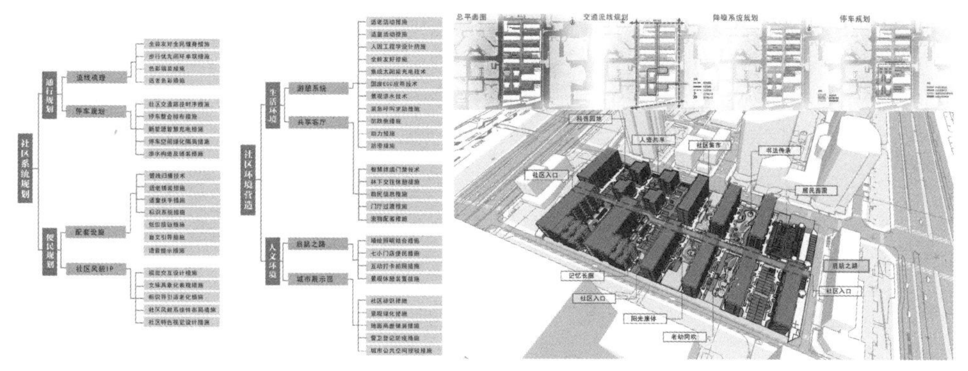

图 5.2–48　小区适老化环境提升改造技术路线图
（图片来源：项目组自绘）

8大分项、46项技术措施、129个配套要素

01 **流线梳理**
全龄友好全民健身措施、步行优先闭环串联措施、色彩铺装措施、适老色彩措施

02 **停车规划**
社区交通路径时序措施、停车整合排布措施、新能源智慧充电措施、停车空间绿化隔离措施、渗水构造及铺装措施

03 **启航之路**
墙绘照明结合措施、七小门店便民措施、互动打卡拍照措施、景观休憩装置措施

04 **游憩系统**
适老活动措施、适童活动措施、人因工程学设计措施、全龄友好措施、集成太阳能充电技术、固废ECC应用技术、景观渗水技术、紧急呼叫求助措施、防跌倒措施、助力措施、防滑措施

05 **共享客厅**
智慧终端门禁技术、林下交往休憩措施、助民信息措施、门厅过渡措施、宠物配套措施

06 **配套设施**
管线归槽技术、适老铺装措施、适童扶手措施、标识系统措施、低位按钮措施、盲文引导措施、语音提示措施

07 **社区风貌IP**
视觉交互设计措施、文脉具象化表现措施、标识导引适老化措施、社区风貌系统性布局措施、社区特色视觉设计措施

08 **城市展示面**
社区标识措施、景观绿化措施、地面高差铺装措施、警卫登记防疫措施、城市公共空间接驳措施

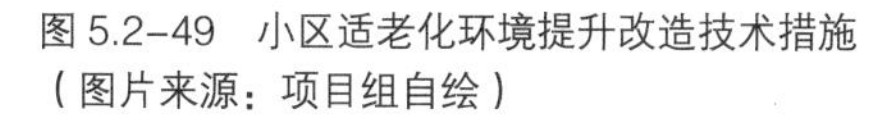

图 5.2–49　小区适老化环境提升改造技术措施
（图片来源：项目组自绘）

2. 项目适老化改造实施方法

一是流线梳理。在人行系统方面，打造全区域步行优先健康步道系统，考虑轮椅使用者的通行需求设置全程无障碍的健康游览步道。设计可达性步道，可以连接各个活动区域；设计安全性步道，铺设防滑地面铺装。在车行系统方面，打造人车分流的有序闭环流线，改变现有道路混乱的现状，实现小区内车行有序，停车入位（图 5.2–50）。

图 5.2-50　健康步道改造后实景
（图片来源：项目组自摄）

二是停车规划。增加机动车车位，将停车数量由原有的 93 辆，增加为 150 辆。同时，将停车位置由原来的全社区散点布置改为集中于南侧两车行出入口之间布置。新增 10 个机动车充电停车位，配置智能扫码设施，增加车位显示屏，采用智能管理实时更新剩余车位数量。

此外，还设置了快递外卖临时停车位，在楼栋侧边配备快递外卖临停车位，保留现场已设置的非机动车停车棚（图 5.2-51）。

三是营造社区主街（启航之路）。启航之路的改造措施包括墙绘照明结合措施、七小门店便民措施、互动打卡拍照措施和景观休息装置措施（图 5.2-52）。

四是游憩系统规划。游憩系统的规划要点为：解决 3 大类人群、9 大需求，营造 6 大生活特色、8 个重点空间。人群以儿童少年、青壮年、老年人为主，打造老幼同欢、阳光康体、科普园地、社区集市、记忆长廊、书法传承、居民苗圃、人宠共存八大重点空间（图 5.2-53）。

以南郎家园航空文化为主基调，将居民对航空记忆与航空文化融入空间设计中，使航空文化成为连结居民情感的文脉主线，打造一个底蕴深厚的航空文化居住区。设计策略为：整合绿地空间，保留现状乔木，增加观花及色叶植物、灌木和地被等，进行合理的季节性配置，植物种类选用耐修剪树种。

图 5.2-51 小区停车规划改造
（图片来源：项目组自绘）

图 5.2-52 小区主要道路环境改造
（图片来源：项目组自绘）

图 5.2-53 小区游憩场所改造
（图片来源：项目组自绘）

五是建设共享客厅。共享客厅的打造结合单元入口前交往休息和儿童游乐、助民信息栏和路径引导色彩提示，为社区居民带来便利（图 5.2–54）。

六是技术配套措施。相关技术措施包括：场地适老铺装、适老扶手、标识系统等，充分考虑各个年龄段与各类人群的使用需求。其余的技术措施还包括：

（1）垃圾分类设施：在垃圾桶 12 个总数不变的情况下重新合理排布，保证从任何门口都 20m 内可达。

（2）夜景照明系统：满足各类道路、活动场地和绿地环境的照度要求，加强步行无障碍流线的照明，以及主要乔木、艺术装置和景墙标识的照明。

（3）降噪防扰系统：注重活动场地与楼栋之间设置隔离距离，在距离较近时设置绿化等降噪措施。

（4）晾晒设施：根据居民日常生活习惯，结合部分活动设施，在居住楼栋南侧设置晾晒场所，方便居民晾晒（图 5.2–55）。

七是社区 IP。社区 IP 的打造结合引导标识、社区风貌和视觉设计，打造鲜明的社区特色（图 5.2–56）。

八是城市展示面打造。城市展示面的打造结合社区围墙、小区入口多功能模块房等展示与城市公共空间的衔接关系（图 5.2–57）。

图 5.2–54　小区单元入口共享客厅改造
（图片来源：项目组自绘）

图 5.2-55 小区垃圾收集和晾晒设施改造
（图片来源：项目组自绘）

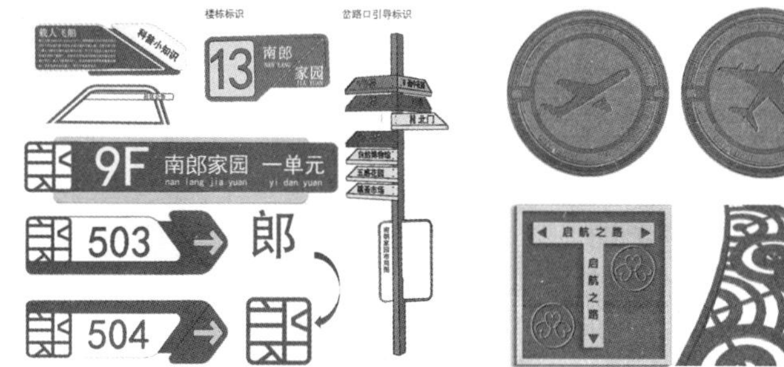

图 5.2-56 社区 IP 改造设计
（图片来源：项目组自绘）

图 5.2-57 小区城市展示面改造
（图片来源：项目组自绘）

5.2.7 沈阳市老年人家庭养老床位改造

项目完成单位：沈阳市民政局、中国中建设计研究院有限公司
主要参与人员：薛峰、靳喆、杨浩宇、齐明、童馨、崔德鑫等

1. 项目概况

沈阳市以居家和社区基本养老服务提升行动为契机，2021—2022 年开展了 4500 个家庭养老床位建设试点工作，对经济困难和计划生育特殊家庭中的失能、部分失能老年人家庭进行适老化和信息化改造，将养老服务机构的专业护理服务延伸至老年人家中，并通过信息化手段对服务对象进行实时监测，实现智能看护，全面提升老年人居家养老服务品质，满足了多层次、多样化、差异化的养老服务需求。

家庭养老床位建设主要包含以下内容：一是家庭适老化改造。由承接适老化改造的服务机构对服务对象的起居、如厕和洗浴等空间进行“一户一案”的适老化改造，每户最高补贴 3000 元。二是家庭信息化建设与智能看护服务。由承接信息化建设的服务机构搭建智能看护平台，为服务对象居住场所安装必要的智能化服务设施设备，对服务对象提供主动关爱、健康监测、虚弱干预、应急救助联络等服务，每户最高补贴 2000 元。三是居家养老上门服务。提供理发、助浴、送餐、室内清洁、起居照料等十二个服务项目，给予每人每小时补贴 30 元补贴标准，重度失能老年人每月可享受服务时长 45h，中度和轻度失能老年人每月可享受服务时长 30h。

2. 项目适老化改造实施方法

（1）创新实施机制。为形成统一的适老化和智能化改造设计和验收标准，沈阳市民政局在全国首次采用“第三方全过程咨询及技术服务机构”机制，负责全市老年人适老化改造和智能化改造项目策划组织、改造方案审核、技术指导、监督管理、改造验收、信息建档等全过程咨询监督工作。全过程策划咨询和技术服务主要内容如下：

一是统筹家庭养老床位建设工作中居家适老化改造与智能化家庭改造、居家养老上门服务协同开展；二是指导家庭养老床位建设信息平台搭建及与民政局养老平台数据对接工作；三是编制指导手册（图 5.2-58）、宣传海报，策划组织社区街道居家适老化改造宣传活动，为老年人及其家属以便于理解的形式普及适老化改造的

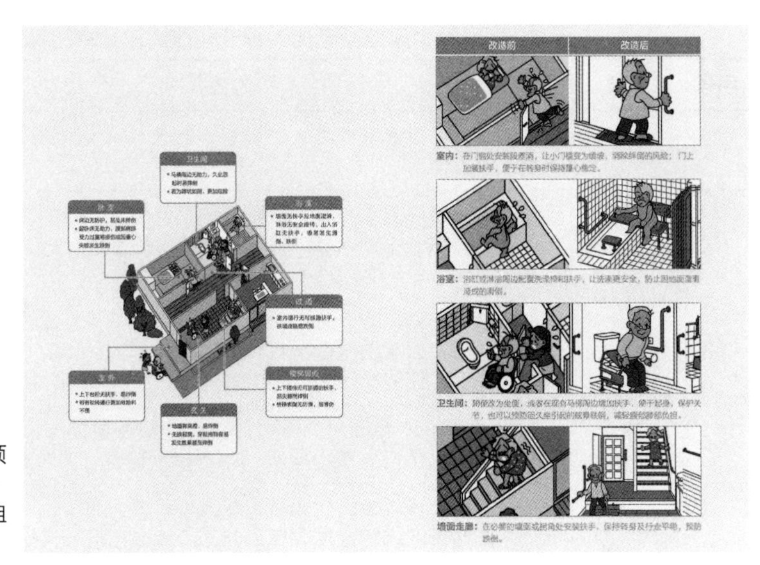

图 5.2–58 制定的项目实施技术指导手册（图片来源：项目组自绘）

相关知识；四是对各区实施改造的企业开展相关“如何使用管理平台和执行改造标准”的培训，现场指导相关企业开展老年人需求评估、方案设计和改造施工等工作，保证项目高质量实施；五是开展方案审核、技术指导、监督管理、改造验收、信息存档等工作；六是对开展家庭养老床位老年人进行回访，进行用户满意度调查工作，形成民意信息库；项目全过程总结、宣传与示范应用推广工作。

（2）建立改造标准体系。一是，制定了招标企业要求、产品性能和控价的统一标准。各区进行服务企业采购时，第三方咨询机构与沈阳市民政局依据当地实际情况确定遴选企业资质、改造内容及产品性能、改造控制价位等；并参与各区招标，审核关于企业资质、产品质量、施工质量等内容。

二是，项目组与沈阳市民政局共同编制改造方案设计标准、施工标准、评估方案审核标准和验收审核标准。第三方技术指导人员与改造企业的评估团队共同入户，依据沈阳市居家适老化改造标准、结合老年人实际需求，开展“一户一案”的适老化改造方案评估工作及智能化方案设计操作工作；改造方案上传系统后，主管部门和监督机构依据方案审核标准进行线上审核工作，通过的改造方案可进行改造施工工作，未通过的改造方案按照审核意见进行修改直至满足要求；改造企业施工全过程也通过平台系统进行记录，改造完成提交申请验收，验收人员依据验收标准对改造的安全性、合理性、施工质量和产品性能、老年人满意度等综合验收。

家庭养老床位适老化、智能化改造设计审核标准见表 5.2–1。

家庭养老床位适老化、智能化改造设计审核标准　　表 5.2-1

序号	分类	内容	备注
1.1	评估设计原则及标准	一户一案，避免套餐式模式。要充分考虑老年人的活动能力、家庭环境、改造需求	—
1.2		评估设计人员应具有丰富的评估经验，优先选择由国家、省市相关部门颁发评估证书的人员，应对老年人家庭环境、行为模式等认真了解，给出适合的改造方案并征求老年人意见	—
1.3		评估设计方案应符合老年人身体现状、照护需求、家庭环境，要以需求为导向、以解决问题为目标，对于老年人提出的不符合其实际需求的要求，评估设计人员要耐心沟通，予以正确引导	—
1.4		在安排评估设计人员入户评估前，改造企业要做好入户前的消毒工作，评估人员应着统一服装，入户自带鞋套，并全程佩戴口罩	—
1.5		同户情况的处理：适老化和智能化改造均以户为单位。其中，只有当同户的两位老人均重度失能且长期卧床时，可按实际需求进行改造及配置，并附情况说明。其他情况，均按 1 户的改造补贴标准执行	不满足此条要求，即不予评审通过
1.6		按照相关文件规定，超出改造配置范围和补贴标准的，超出费用由改造企业和服务对象协商议定	—
2.1	改造及产品配置清单	适老化改造配置清单参考《沈阳市家庭养老床位老年人居家适老化改造项目和老年用品配置参考清单（2022.1.13）》，智能化改造配置清单参考《沈阳市家庭养老床位智能化建设、设备配置及服务参考清单》	不满足此条要求，即不予评审通过
2.2	产品选区标准	智能化改造配置，同一监测目的产品不应重复配置。适老化改造配置，重度失能且长期卧床老年人，只能适用产品序列 1 相关设备配置。非长期卧床的老年人按产品 2~6 配置。原则上不可跨产品序列配置。特殊情况需进行书面说明	入户设计时若发现老人被评为中度失能，但实际长期卧床，确有配置护理型床位需求的，应向第三方督导报送名单和情况说明，经核实审核通过后，可参照序列 1 配置产品
2.3		智能化服务企业要为每位服务对象提供安全监护服务，确保所配置智能化产品与服务平台有效对接，实现 24h 紧急援助联络。应开展主动关爱服务	不满足此条要求，即不予评审通过

续表

序号	分类	内容	备注
2.4	产品数量要求	适老化改造：扶手安装、消除高差可以结合老年人需求多个配置，可拼接防滑地垫可结合卫生间地面形状灵活多个配置，其余产品均只可配置1个。 智能化改造：除红外人体感应设备可结合老年人日常行动轨迹多点配置外，其余产品均只可配置1个	不满足此条要求，即不予评审通过
2.5	扶手配置要求	如无特殊情况，一般每户至少配置2~3个扶手： 1. 可以在入户换鞋处配置一个竖向助力扶手，便于抓握借力。 2. 根据老年人行为习惯在过道的墙面安装一字型或连续型扶手，便于老年人通行助力。 3. 卫生间坐便器旁安装L形和上翻式扶手，坐便器侧墙可安装L形扶手，当坐便器临空设置时，可选择上翻式扶手。 4. 卫生间洗澡处安装L形或T形助力扶手。 5. 卫生间简易坡道不能解决的高差，老年人迈腿上下台阶不便利，可在门侧面安装助力扶手辅助其进出卫生间。 6. 在卧室到卫生间等老年人经常使用，且需要助力的通行空间安装一字形或连续型扶手。 7. 农村家庭改造院内可安装连续扶手，辅助老年人从屋内到院子晒太阳活动	有特殊情况坚决不安装扶手的情况需在评估单据中进行详细说明，但每个企业在每个区此特殊情况不能超过20%
2.6	辅助用品配置要求	1. 护理床配置要求：适用长期卧床老年人。已有护理床且护理床性能良好的老年人家庭不重复配置，其他非卧床老年人不能配置。同时，符合配置护理床的老年人，要看家里是否有使用空间。 2. 轮椅配置要求：适用偏瘫老年人、不能正常行走的老年人。有行动能力老年人不能配置轮椅。同时，符合配轮椅的老人要看家里是否有空间使用，是否有轮椅通行到室外的条件。 3. 坐便椅配置要求：适用农村老年人、城市蹲便家庭以及卫生间高差过大无法进行高差处理或不愿进行高差处理的老年人家庭。已有坐便器的家庭不宜配置移动坐便椅。 4. 沐浴椅配置要求：适用有沐浴环境的家庭。没有淋浴设施、无上下水的不能配置沐浴椅。 5. 拐杖类产品配置要求：适用需使用拐杖辅助行走的老年人。行走无障碍老年人，不能配备拐杖。 6. 床边扶手配置要求：农村使用炕的老年人家庭不宜配置。 7. 红外人体感应设备配置要求：适用独自生活的非卧床老年人。有长期同住照护人的老年人不宜配置。 8. 电子围栏设备配置要求：非失智（或患阿尔茨海默病等病症引发失忆）老年人不宜配置“电子围栏”	特殊情况需进行说明。其中任何一条不满足要求，即不予评审通过
3.1	评估资料及系统上传要求	评估纸质单据上需标明老年人行动能力、列出改造方案、配置哪些产品	不满足此条要求，即不予评审通过
3.2		上传照片应有整体和局部照片。能通过上传照片反映老年人当前家庭环境，并配文字说明改造或配置产品的必要性。如：由于老年人目前身体状况、行为习惯、改造需求、照护需求，改造了什么地方，使用了什么方法和辅具，已解决什么样的问题	
3.3		1. 针对拒绝安装扶手的情况，需说明评估设计建议老年人家庭安装扶手的具体位置和必要性，拒绝安装的原因。 2. 配置护理床，需备注“替换旧护理床”还是“新配置”。“替换旧护理床”需拍摄原护理床全图及损坏部位细节图，说明替换原因。“新配置”需拍摄护理床放置位置	
3.4		评估人员需与被评估的老年人合照上传。不能上传与其监护人或是代签人员合照。如老年人长期卧床，拍下和卧床老年人合照	

（3）实现信息化云平台管理。运用信息化云平台管理适老化改造和智能化改造项目能极大地提高改造的质量和效率，可实现高效管理、实时监督及信息反馈。平台与微信小程序进行互动，能及时更新数据、线上分配改造任务、查看工程进度、在线审核验收，第一时间将问题反馈给各区相关部门、第三方监督机构和改造机构，并及时进行处理，保质保量，提高工作效率。

改造信息化云平台（图 5.2-59）能够实现居家适老化线上评估，直接通过平台分配改造任务，评估、方案设计、改造施工，实时上传改造信息及改造前后对比照片。老年人及其家属的签字确认互联网化，社区、街道、监督机构工作人员审核方便快捷，建立了完整的改造档案，保存完整的改造信息资料，形成了沈阳市家庭养老床位建设数据驾驶舱。

（4）形成可复制推广的经验。沈阳市 4500 个家庭养老床位建设作为全国试点工作，从适老化改造理念宣传、监督管理模式、建设内容和质量、社会效应和群众满意度等方面已为全国多个城市开展家庭养老床位建设提供了可复制可推广的经验。

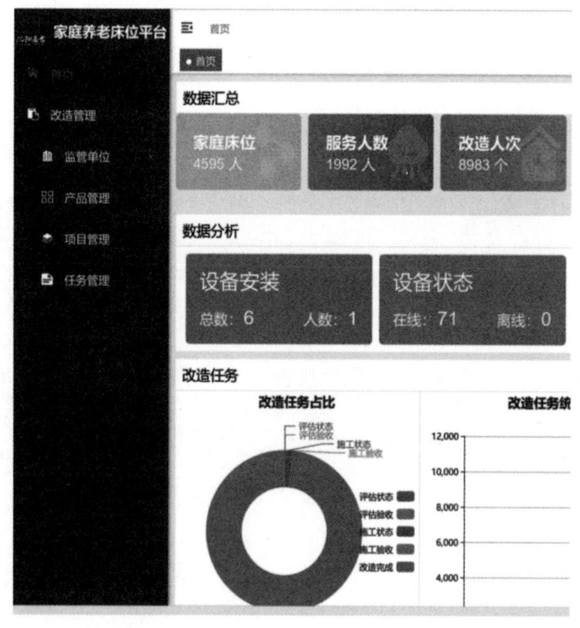

图 5.2-59 改造信息化云平台使用界面
（图片来源：软件界面截图）

5.3　社区配套服务设施全龄友好改造案例

5.3.1　北京西城区育民小学全龄友好校园改造

项目完成单位：中国中建设计研究院有限公司、中国建筑一局（集团）有限公司

主要参与人员：薛峰、唐一文、凌苏扬、梅杨、孙远、李晓峰、陈琦瑛、刘霁娇等

1. 项目概况

北京西城区育民小学在校人数为 1700 人，场地面积为 6639m²，生均场地面积为 1.66m²。根据《中小学体育场地配备标准》，小学生生均体育活动场地面积不低于约 7m²，实际情况相差甚远。体现了高密度城市中心学校用地紧张、现有学校室外体育活动空间难以满足先进教学需求，缺少孩子们想要的空间场景（图 5.3–1）。

育民小学的改造以创造未来孩子们的美好校园生活为目标，打造童趣校园、健康校园、零碳校园和智慧校园。

图 5.3–1　项目改造前现状与操场加层构想
（图片来源：项目组自摄）

2. 项目适老化改造实施方法

（1）改造策略。场地提升、双层复合、屋顶利用。在原一层操场 3863m^2 的基础上增加二层，设置体育操场、球场、自然作画课堂、树间曲径、音乐阶梯、采光井互动区，共 2603m^2；将一层设置为运动场、生态养育核、校史长廊、多彩阅读区、趣味楼梯、阳光廊道、绘画彩墙和手工彩网多种空间，屋顶增加屋顶苗圃和种植课堂，共增加新教学功能及运动场地 17 个（图 5.3-2 ~ 图 5.3-7）。

（2）童趣校园。共分为十二大童趣模块，分别是多彩阅读、生态养育、树边跑道、校史互动、屋顶苗圃、音乐阶梯、山丘光井、自然作画、趣味楼梯、阳光廊道、绘画彩墙和手工彩网，使校园室外空间变得多姿多彩、富有童趣，为学生课余的活动空间创造更加丰富的可能性，让学生们在学习的同时，也能感受到绿色、自然、放松和童趣，达到寓教于乐的效果。

图 5.3-2　操场加层改造
（图片来源：项目组自绘）

图 5.3-3　改造后一层、二层图示
（图片来源：项目组自绘）

图 5.3-4　改造后二层操场
（图片来源：项目组自绘）

图 5.3-5　让孩子们跑起来的无障碍“跑道”
（图片来源：项目组自绘）

图 5.3-6　校园整体改造设计
（图片来源：项目组自绘）

图 5.3-7　改造后一层架空室外活动场地和窗檐光伏设施
（图片来源：项目组自绘）

（3）健康校园。其主旨是让孩子们在自然中跑起来，在校园室外空间大面积增设活动跑道，同时注重环保用材，使用适用于任意材料表面的水性渗透防水防污透明漆、水性无机涂料、可降解塑木板材、彩色塑胶跑道，以达到健康环保效果。

（4）零碳校园。利用窗檐外套设置光伏设备，并利用外挂的金属拉伸网预留可供北京雨燕搭窝的空间，让小雨燕和小孩子们一起成长，从小体验绿色低碳环境。

（5）智慧校园。在校园室外空间中设置了智慧信息柱、数字展览，让城市展览进校园；通过数字化校园应用场景的链接实现数字孪生和智能管理，使校园室外空间不再局限于物理空间营造，充分利用网络和高科技手段创造互动共享体验。

（6）共享家园。对学校操场空间的假日时段进行利用，向社区开放，将校园室外操场空间转变为亲子乐园、篮球、乒乓球和羽毛球赛场地等，让学校的活动空间变成社区公共空间的一个重要补充。

5.3.2　黑龙江省社会康复医院医养照护中心改造

项目完成单位：中国中建设计研究院有限公司

主要参与人员：薛峰、刘颖、陈琦瑛、凌苏扬、陈飞龙等

1. 项目概况

黑龙江省社会康复医院位于哈尔滨市南直路，为三甲专科医院（图 5.3–8），设有成人康复科、小儿康复科、医养结合部、辅具装配部等 14 个科室。场地总用地面积 1.2 公顷，改造面积为 2.1 万 m^2。该项目为省医养结合试点，拟设置老年人床位 500 张，包括单人间、双人间和多人间，为失智、失能、半失能、活力等不同状况的老年人提供全态养老服务。

改造的主要功能包括：养老公寓、失能老年人用房、公共活动空间、体疗用房、儿童康复用房、室外公共空间等改造，以及相关设施和智能化改造。项目改造注重安全耐久、健康舒适、绿色低碳、智慧便捷等功能与性能提升，采用服务设计、场景设计、环境设计融合适配的理念，满足不同身体状况的老年人需求。采用具有哈尔滨记忆的红砖和米色饰面，增加老年人对生活记忆的延续（图 5.3–9）。

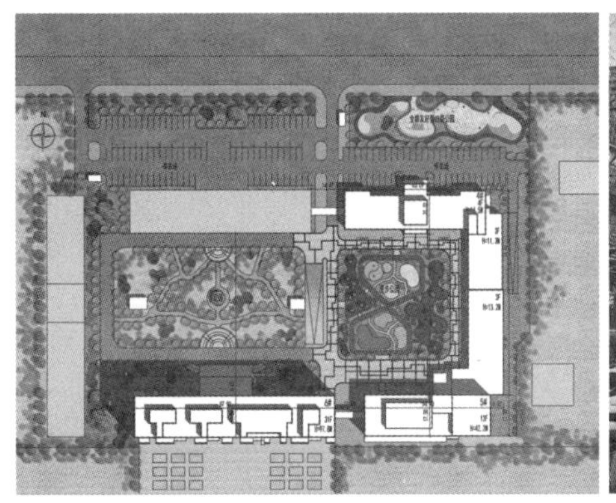

图 5.3–8　黑龙江社会康复医院总平面图与建筑现状
（图片来源：项目组自摄）

图 5.3-9　黑龙江社会康复医院建筑改造
（图片来源：项目组自绘）

2. 项目适老化改造实施方法

（1）养老公寓改造

养老公寓主要为活力老年人服务，由护理模块、各类居住用房、公共活动空间组成（图 5.3-10）。

公寓的每个楼层均设置满足老年人交流活动的公共空间，每户门前设置具有家庭识别性的门前过渡空间，可挂设或摆设自家的物品，增强回家的识别。走廊两侧均设置高 900m 的连续安全扶手，350mm 高防撞板，1100mm 处设置低位门铃，并在室内设置闪光门铃，在入户高 1600mm 处设置了老年人信息显示屏。入户门宽

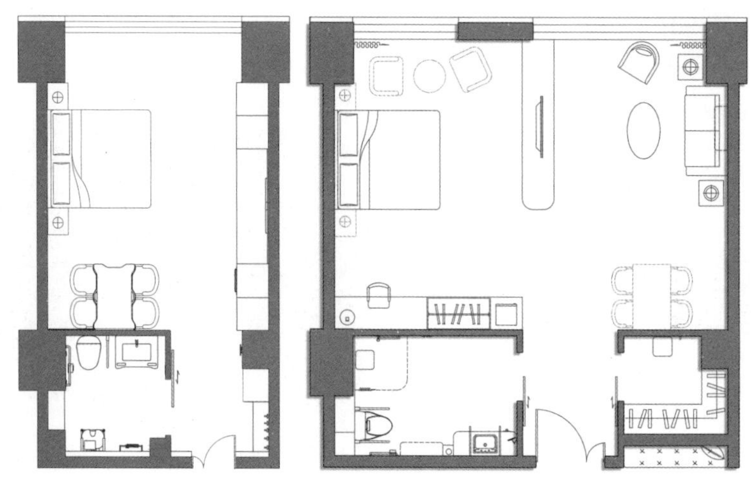

图 5.3-10　养老公寓标准间与套间平面图
（图片来源：项目组自绘）

1200mm，便于轮椅或急救床进入。入户玄关的换鞋凳旁设置鞋柜，代替扶手，方便老年人撑扶（图 5.3–11）。

卫生间采用推拉门，智能坐便器边安装 L 形助力扶手，以及与拉绳结合的求救按钮，可供老年人撑扶起身和倒地呼救（图 5.3–12）。洗面台带有圆弧扣手，便于

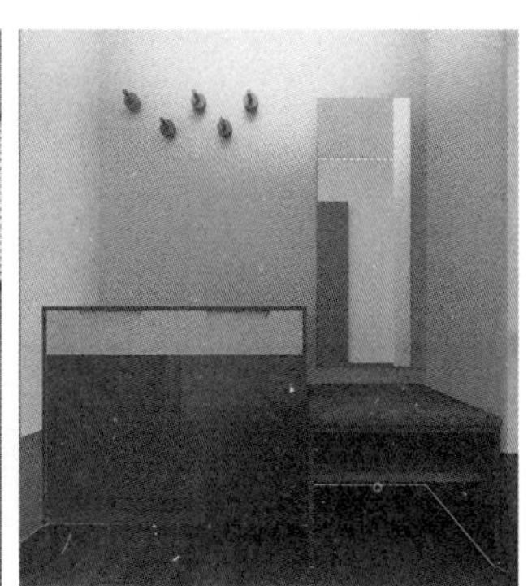

图 5.3–11　养老公寓公共走道与入户玄关
（图片来源：项目组自绘）

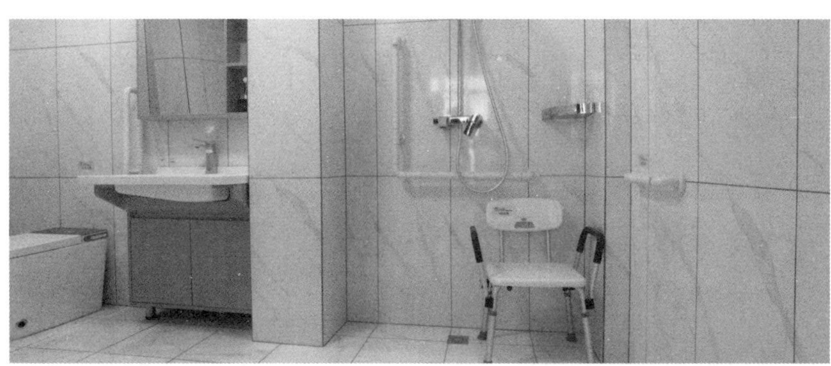
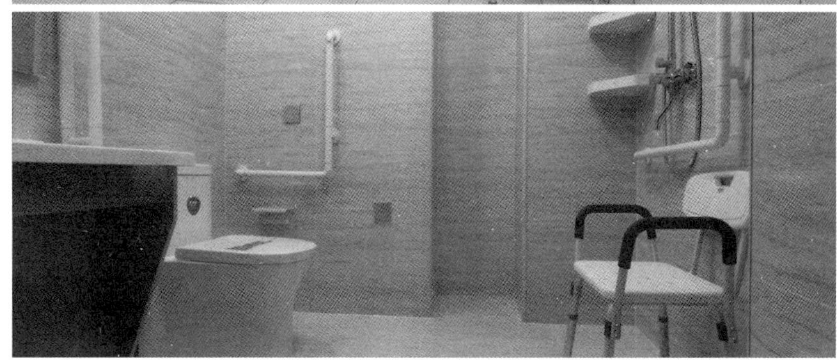

图 5.3–12　养老公寓卫生间实景
（图片来源：项目组自摄）

老年人撑扶，淋浴处设置坐姿盥洗设施和L形安全抓杆。墙体凸角均做圆弧倒角，避免磕碰对老年人造成伤害。

餐桌椅采用适于老年人撑扶的助力扶手，并采用圆弧倒角设计，餐桌的边缘设计镂空扣手，方便老年人起身撑扶。床头柜上方设计了求救按钮、全屋控制照明、电动窗帘和带有usb接口的插座开关面板。设置感应夜灯，为老年人夜晚如厕提供照明（图5.3-13、图5.3-14）。

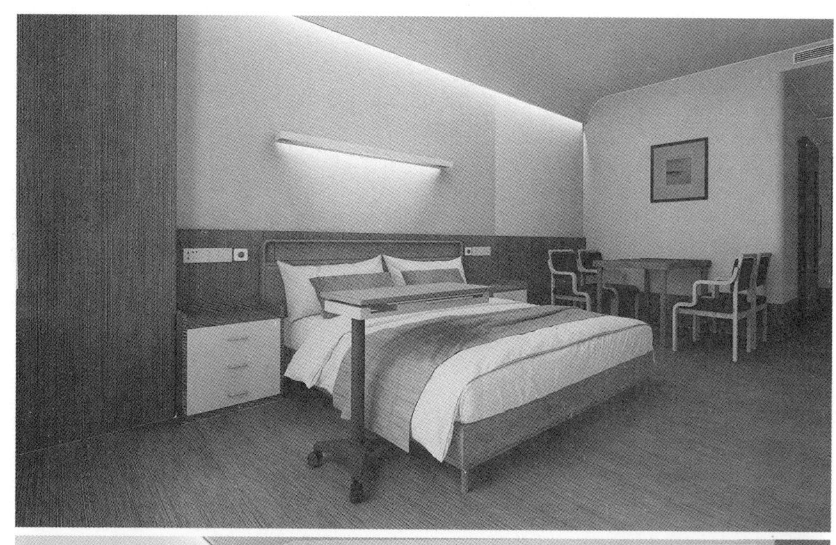

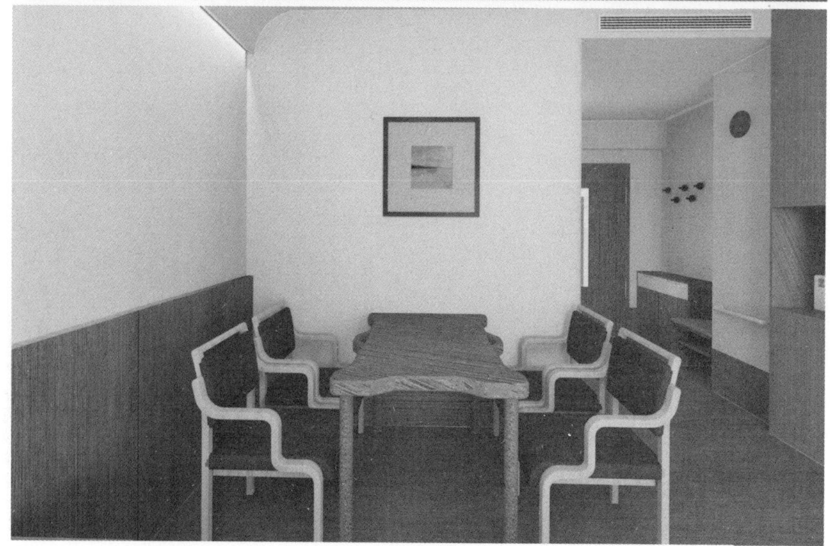

图5.3-13　养老公寓套内环境
（图片来源：项目组自绘）

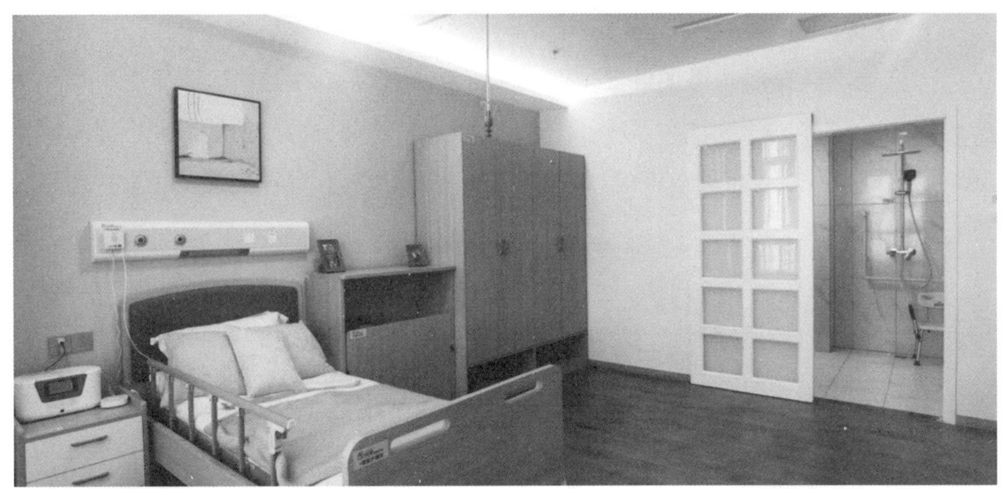

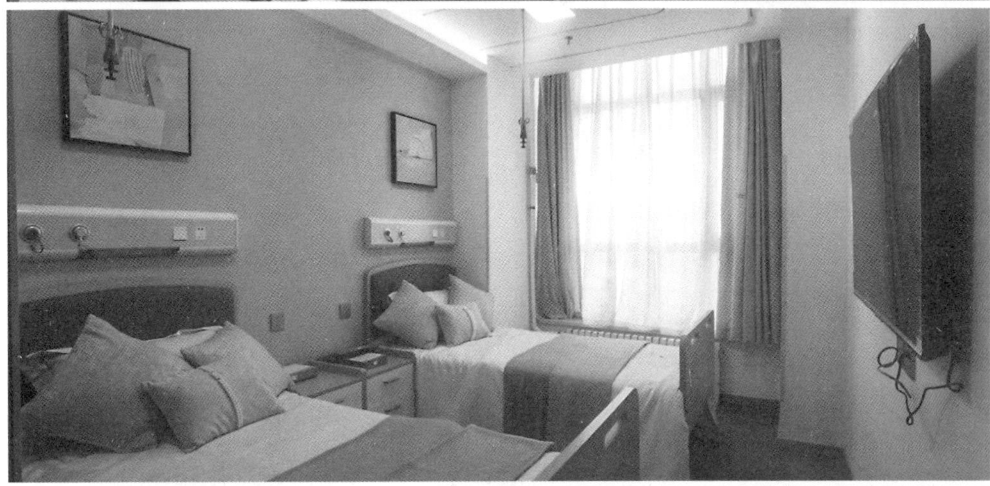

图 5.3–14　老年公寓改造实景
（图片来源：项目组自摄）

（2）失能老年人用房改造

为失能、半失能老年人设置了助浴单元功能模块、各类护理居住用房等（图5.3-15、图5.3-16）。形成1+6护理方法，即一名护理员可方便地护理不同身体状况的六位老年人。设置助浴设施、智能辅具和监护设施，保障失能老年人护理和生活起居要求。

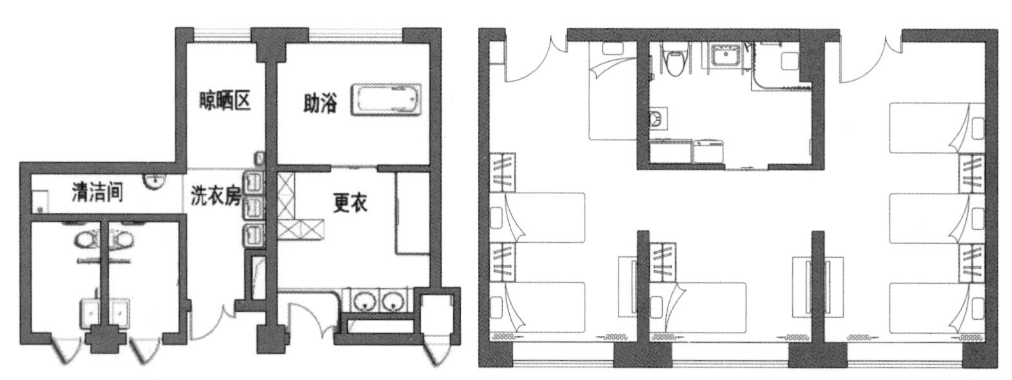

图5.3-15 失能老年人助浴单元和标准套间平面图
（图片来源：项目组自绘）

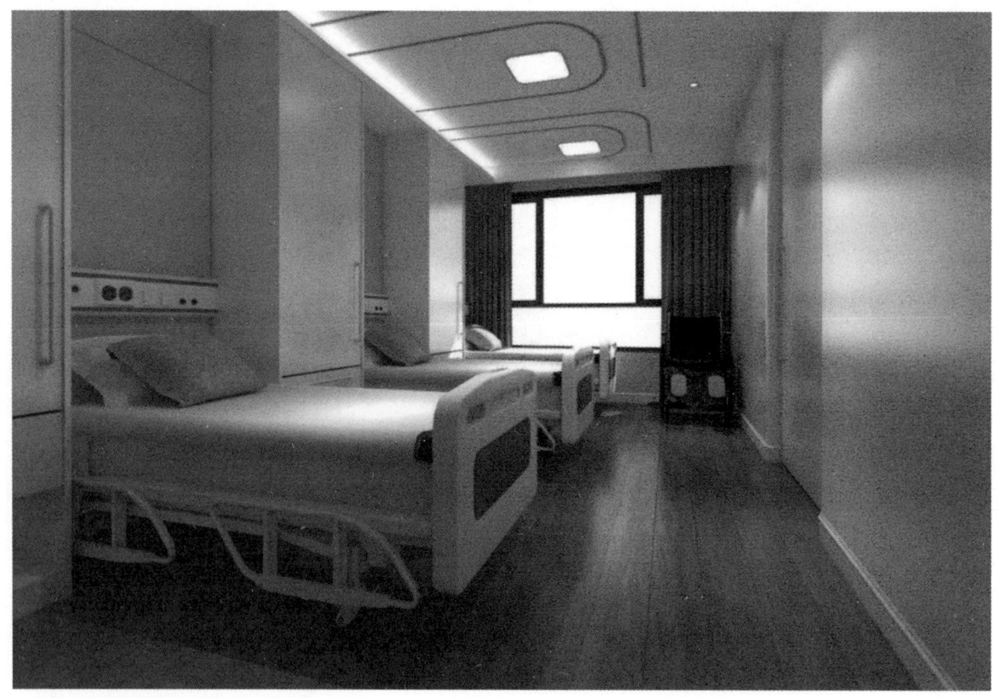

图5.3-16 失能老年人用房室内环境
（图片来源：项目组自绘）

（3）公共活动空间改造

一层门厅作为老年人活动交往场所，结合室内绿化植物设置老年邻里交往空间、出行暂休空间（图 5.3–17）。每层都设置了邻里阳光交往空间，供老年人在此就近开展各类活动。改造后的老年大学和老年人餐桌可对周边社区开放，满足老年人阅览、网络、棋牌、书画、教室、健身等多功能活动和就餐需求（图 5.3–18）。

图 5.3–17 门厅公共空间改造
（图片来源：项目组自绘）

图 5.3–18 公共走廊与老年人餐厅和活动空间改造
（图片来源：项目组自绘）

（4）水疗室与辅具中心

为老年人配备了对社会开放的水疗室，为全市老年人和慢性皮肤病患者提供辅助治疗。同时升级改造了辅具中心，提升研发能力、拓展产品类型，以养老产业实体带动养老产业发展（图 5.3-19）。

（5）儿童治疗室

依托本院现有儿童脑瘫患者康复全国示范基地升级改造儿童康复中心，儿童治疗室通过明亮、温馨的色彩设计，创造出积极、欢乐的氛围，为孩子们打造舒适健康的康复环境（图 5.3-20）。

图 5.3-19　水疗室与辅具中心改造
（图片来源：项目组自绘）

图 5.3-20　儿童治疗室改造
（图片来源：项目组自绘）

（6）室外活动空间

室外活动与疗愈庭院改造以多样化安全慢行步道为主线，结合不同健康状态的老年人心理需求及活动需求，构建适宜各类老年人日常活动功能的四大主要功能模块：疗愈康体、林下闲谈、活力健身、文化拾忆。

设计以康复景观为媒介，引导老年人进行户外的康体锻炼、园艺认养、交流互动、文化唤起年代记忆，通过场景式慢行步道串联多样、有趣的停留空间，让老年人在户外康体活动中有景可看、有荫可聚、有故事可讲，从而给老年人提供幸福感、归属感，提高他们的生活质量。（图 5.3–21）。

图 5.3–21　户外空间改造
（图片来源：项目组自绘）

（7）相关设施和智能化改造

依托先进技术承载平台，打造“智能床旁交互系统、护理通信信息系统、护理智能看护系统、病房互动电视系统、远程探视与监护系统”五大板块，灵活选配，为智慧养老建设创造深度定制空间，探索更多扩展可能，缔造养老全新生活方式。

智能硬件覆盖病区各个主要场景，可使系统在极短时间内迅速完成信息和紧急情况响应，极大优化管理流程执行速度。

通过配备翻身智能床、升降洗脸台以及大型检测一体机、负离子康健仪等设施提升了老年人的舒适度和自理能力，可及时了解他们的健康情况（图 5.3–22）。

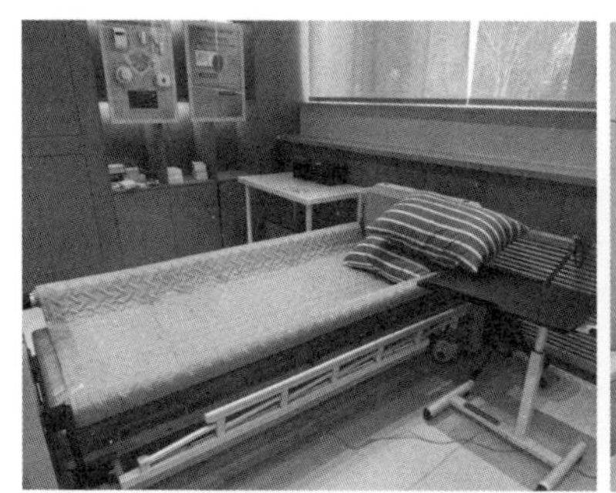

图 5.3–22　翻身智能床、升降洗脸台和智能助浴装备
（图片来源：项目组自摄）